**15** 電気・電子工学基礎 シリーズ

# 量子力学基礎

末光眞希・枝松圭一 [著]

朝倉書店

電気・電子工学基礎シリーズ　編集委員

| | | |
|---|---|---|
| 編集委員長 | **宮城　光信** | 東北大学名誉教授 |
| 編集幹事 | **濱島高太郎** | 東北大学教授 |
| | **安達　文幸** | 東北大学教授 |
| | **吉澤　　誠** | 東北大学教授 |
| | **佐橋　政司** | 東北大学教授 |
| | **金井　　浩** | 東北大学教授 |
| | **羽生　貴弘** | 東北大学教授 |

# 序

　「量子力学」は，今日の電子・光・通信デバイスの原理を理解する上で欠くことのできない重要な基礎概念である．しかしこうした工学的応用を云々する前に，本書では量子力学そのもののすばらしさをまず伝えたいと思う．量子力学は何といっても相対論と並ぶ，物理学における20世紀最大の知的創造である．それは20世紀初頭のわずか30年間に，世界の若い英知によって瞬く間に築き上げられた革命的学問であった．科学の歴史の中で，これほど多くの事柄が，わずかな人たちによって，かくも短期間に明らかにされたことはなかったといえよう．筆者らは量子力学という新しい学問が誕生するドラマを追体験してもらいたいと切に願い，本書の前半では量子力学の誕生（前期量子論）を歴史的に記述することにした．今から100年前の限られた実験データをもとに，物理学者たちはどのようにして原子の離散的エネルギー準位，電子軌道，原子核，電子の波動性，といった新しい概念にたどりつくことができたのであろうか．こうした先人の足跡を学ぶことは，学生諸君がこれから社会に出て未知の難問に挑むに際して，たいへん参考になると思う．

　前期量子論の歴史を学ぶ第二の理由は，それが学問における実験と理論の対話の重要性を，きわめて教育的に教えてくれるからである．前期量子論は，それまでの古典物理学（ニュートン力学とマックスウェルの電磁気学）では説明できない三つの実験事実——黒体輻射，光電効果，原子の輝線スペクトル——を理論的に説明しようとする試みの中から生れてきた．黒体輻射はプランクによって，光電効果はアインシュタインによって，輝線スペクトルはボーアによってそれぞれ説明された．物理学の中には相対論のように一人の稀有な人格の集中した考察によって創出されるものもあるが，量子力学は新しい実験事実と，これに対する理論的解釈との絶え間ない対話によって螺旋状に築き上げられてきたのである．量子力学のこのような歴史は学問を志す諸君にとって大いに示唆に富むと思う．

量子力学の歴史を学ぶ第三の理由は，その歴史が学問の社会性についてよく教えてくれるからである．量子力学がいかに現代物理学の基礎の基礎に位置するといえども，その出自は社会と無関係ではありえない．量子力学が戦争を背景として生れてきた学問であることは知っておいたほうがよいし，自然科学がこうした文脈依存性をもつとの認識は，これからの時代の学問を考えて行く上で重要なポイントであろう．

　量子力学は哲学の問題としても，非常に示唆に富んでいる．主体・客体といった哲学的問題と量子力学は深く関わっている．観測するという行為が，相手に影響せずにはおれないという事実，あるいは主体と客体の完全な分離はありえないという認識は，私たちの人生観にも深い洞察を与える．

　何といっても量子力学は物質の成り立ちを理解し，その物質を用いて作られる今日のエレクトロニクスを理解するための重要な基礎である．原子の中の電子がとりうるエネルギーが離散的であるのはなぜか，なぜ有限な安定エネルギーが存在するのか，原子が集合してできる固体に，金属，半導体，絶縁体があるのはなぜか，物質によって透明・不透明や色の違いがあるのはなぜか——このような疑問に，量子力学の助けなくして答えることはできない．そのため，本書の後半では，シュレーディンガーによる波動力学の原理，1次元ポテンシャル中の粒子の運動，固有状態と物理量の概念などについて学ぶ．そこでは量子力学を使いこなすための数学的手法の基礎を習得することが重要である．その昔，ガリレオ・ガリレイは，「神は2冊の本を書き給うた，1冊は聖書，もう1冊は自然である．聖書を読むためにラテン語を学ばねばならないように[*1]，自然という書物を読むためには数学を学ばねばならない」と，数学の重要性を説いた．量子力学に登場する数学もそのような，自然を理解するための「道具」であり「言葉」である．言葉である以上，これを自家薬籠中のものとすることが大切である．ありがたく崇め奉っているだけでは駄目であって，道具として使いこなせなければ意味がない．式には必ず具体的な数字を代入し，常に物理量を量的に把握しなければならない．諸君自ら手を動かして練習問題を解くことが何より大切である．

---

[*1] 当時，聖書はラテン語で書かれていた．

本書は，量子力学成立の前史を歴史的に追った前半（1～5章）を末光が，シュレーディンガー方程式の基礎的応用を中心とする後半（6～11章）を枝松が担当した．アプローチの違いを反映し，前半と後半でかなり雰囲気の異なったものとなったが，これも歴史性と超歴史性という，量子力学という学問の「二面性」であろうと考え，あえて文体の統一は最小限にとどめた．本書を通じ，諸君が量子力学の背後に流れる精神を感じとるとともに，これをしっかりと学んで次世代のエレクトロニクス構築のための道具としてくれれば，筆者たちの望外の喜びである．

2006年12月

末光眞希

枝松圭一

# 目 次

1. 光の謎 (1)──波としての光 ........................................ 1
   1.1 黒体輻射 ................................................. 1
   1.2 レーリー–ジーンズの赤の公式とウィーンの青の公式 .......... 2
   1.3 プランクの公式 ........................................... 3

2. 光の謎 (2)──粒としての光 ........................................ 7
   2.1 光電効果 ................................................. 7
   2.2 光の運動量と特殊相対論 ................................... 8
   2.3 コンプトン効果 ........................................... 9

3. 原子構造の謎 .................................................... 11
   3.1 バルマーの公式 ........................................... 11
   3.2 リドベルグの公式 ......................................... 11
   3.3 原子構造の解明 ........................................... 13

4. ボーアの前期量子論 .............................................. 16
   4.1 ボーアの疑問 ............................................. 16
   4.2 ボーアの量子論 ........................................... 17
   4.3 フランク–ヘルツの実験 .................................... 18
   4.4 ボーア–ゾンマーフェルトの量子条件 ........................ 19
   4.5 水素原子への適用 ......................................... 20

5. 量子力学の誕生 .................................................. 24
   5.1 物質の波動性の着想と変分原理 ............................. 24
   5.2 位相速度と群速度 ......................................... 25

- 5.3 電子波の回折・干渉 ................................................... 26
- 5.4 物質波とボーアの量子条件 ........................................ 27

## 6. シュレーディンガー方程式と波動関数 ........................ 28
- 6.1 波と重ね合わせ ....................................................... 28
- 6.2 古典的波動方程式 ................................................... 30
- 6.3 物質波の方程式 ...................................................... 30
- 6.4 シュレーディンガーの波動方程式 ............................. 32
- 6.5 定常状態のシュレーディンガー方程式 ...................... 35
- 6.6 粒子の存在確率 ...................................................... 36
- 6.7 波動関数の満たすべき性質 ...................................... 37

## 7. 物理量と演算子 ............................................................ 40
- 7.1 物理量の期待値 ...................................................... 40
- 7.2 エルミート演算子とユニタリ演算子 ......................... 43
- 7.3 物理量の不確定さ ................................................... 45
- 7.4 ハイゼンベルグの不確定性関係 ................................ 46
- 7.5 固有関数の直交性 ................................................... 49
- 7.6 固有関数の完全性 ................................................... 51

## 8. 自由粒子の波動関数 ..................................................... 55
- 8.1 1次元自由粒子 ....................................................... 55
- 8.2 デルタ関数 ............................................................. 56
- 8.3 平面波の規格化 ...................................................... 57
- 8.4 位置の固有関数 ...................................................... 59

## 9. 1次元井戸型ポテンシャル中の粒子 ............................. 61
- 9.1 階段ポテンシャル ................................................... 61
- 9.2 深さが有限・対称な井戸型ポテンシャル .................. 64
- 9.3 無限に深い井戸型ポテンシャル ................................ 71

**10. 調和振動子** ........................................................... 75
　10.1　調和振動子の定常状態と固有値 ........................... 75
　10.2　定常状態の固有関数 ......................................... 78

**11. 波束の運動** ........................................................... 83
　11.1　波動関数の時間発展 ......................................... 83
　11.2　自由粒子の波束 .............................................. 85
　11.3　ポテンシャル障壁の透過 ―トンネル効果― ............. 89
　11.4　調和振動子の波束 ―コヒーレント状態― ................ 94

演習問題解答 ................................................................ 101
結び ―次のステップへ向けて― ........................................ 148
索　引 ........................................................................ 150

# 1 光の謎(1)——波としての光

## 1.1 黒体輻射

フランスとプロシア（ドイツ）の間で戦われた普仏戦争（1870.7.19～1871.5.10）は宰相ビスマルク率いる新興国プロシアの勝利に終わった[*1]．プロシアはこの勝利によりアルザス・ロレーヌ地方を併合し，50億フランという賠償金を手に入れた．プロシアはアルザス・ロレーヌ地方で産出する鉄鉱石とこの賠償金を用いて後進ドイツを重工業国にしようと考え，1887年ベルリンにドイツ国立物理工学研究所を設立した．

鉄鋼業にとって最も基本的な技術の一つに，溶鉄の測温がある．溶鉄は $1600°C$ 以上になり，通常の温度計ではその温度を測定できない．職人たちはそれまで色で温度を判断していたが，ここに科学のメスを入れんと，ドイツ国立物理工学研究所は若きウィーン（W. Wien）を中心に，温度と色の関係の解明にとりかかった．ウィーンは，温度 $T$ の物体が発する光のスペクトルを物質に依存しない関数として純粋に取り出すため，キルヒホッフ（G. Kirchhoff）の提案した**黒体輻射**（black body radiation）の実現に腐心した．黒体輻射とは電磁波（光）を完全に吸収する物体（黒体）からの輻射を意味する．彼は物体の内部に表面をぴかぴかに磨いた空洞を設け，物体の外部からその空洞に向かって細く小さな窓を開けた．そして物体を温度 $T$ においたときにこの窓から放出される光のスペクトルが黒体輻射のよい近似となることを立証したのである（図1.1）．

---

[*1] 明治新政府はそれまでフランスに倣って日本の近代化を図ろうとしたが，普仏戦争の結果，プロシア（ドイツ）に倣うことに方針転換した．

2    1. 光の謎 (1)——波としての光

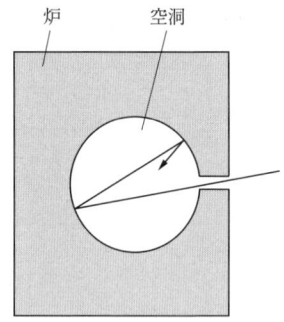

図 1.1　黒体輻射の概念図
(戸田盛和『ミクロへ，さらにミクロへ』岩波書店，p.74，図 29)

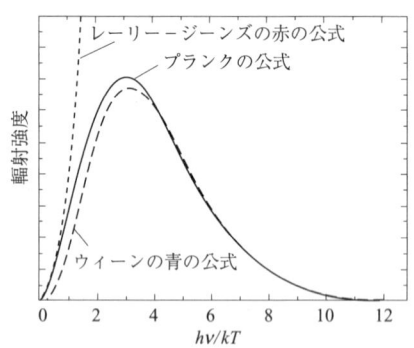

図 1.2　黒体輻射スペクトルと各種の公式

## 1.2　レーリー–ジーンズの赤の公式とウィーンの青の公式

　黒体輻射のスペクトルを図 1.2 の実線に示す．このうち周波数の低い（波長の長い），すなわち色でいうと赤いほうの領域に対しては，1900 年にイギリスのレーリー (Lord Rayleigh) が，1905 年にジーンズ (J. Jeans) が，それぞれ公式

$$g(\nu) = \frac{8\pi}{c^3}\nu^2 kT \tag{1.1}$$

を導いた．(1.1) 式をレーリー–ジーンズ (Rayleigh–Jeans) の赤の公式という．ここに $c$ は光の速度，$\nu$ は光の周波数，$k$ はボルツマン定数，$g(\nu)$ は周波数 $\nu$

におけるエネルギー密度[*2]である．赤の公式は，光の振動モード数を周波数の関数として数え上げ，これに光が横波であることによる多重度2を乗じ，さらに各振動にエネルギー等分配則（law of equipartition of energy）によって $kT$ のエネルギーが分配されていると考えることで導出できる．

しかしよく考えると赤の公式 (1.1) はおかしな式である．まずこの式によれば光の全エネルギーは無限大に発散してしまう．さらにこれは非常に危険な式である．この式によれば，温度 $T$ に昇温された物体は，最初こそ長波長の赤外光を発しているが，次第に波長の短い青色光，紫外光，X 線を励起するようになる．最後には $\gamma$ 線まで発射する．これでは優雅に暖炉に当たるどころの話ではない．もちろん現実は違うのであって，図1.2 にあるように，温度 $T$ の物体からの発光スペクトルは，温度 $T$ に比例する，ある波長でピークを示し（ウィーンの第1法則），それより短い波長（高周波側）ではエネルギー強度が次第に弱まっていく．このような短波長側でのスペクトルの減衰は，レーリー–ジーンズの公式に先立つ1893年，ウィーン自身によって次式のように経験的に説明された．

$$g(\nu) = \frac{8\pi}{c^3}\nu^3 k\beta e^{-\beta\nu/T} \tag{1.2}$$

ここに $\beta$ は実験定数である．

ウィーンの青の公式と呼ばれるこの式は，たしかに短波長側（$\nu/T > 10^{11}$/Ks）で実験とよく合う．しかし図1.2 にみるように，これより長波長（低周波数）側では実験との違いが目立つようになる．物理学は黒体輻射のスペクトルを統一的に説明できぬまま，20 世紀を迎えようとしていた．

## 1.3　プランクの公式

1900年12月14日，ベルリン物理学会のクリスマス・パーティを兼ねた講演会が開かれた．席上，ベルリン大学のプランク（M. Planck）は，すべての波長に対して黒体輻射を説明できる一般公式を発見したと発表した．これが有名なプランクの黒体輻射の式

---

[*2] エネルギー密度は，周波数が $\nu \sim \nu + d\nu$ の範囲にある光のエネルギーを $g(\nu)d\nu$ で与えるものとして定義される．

である. 彼はここでさらに $h = k\beta$ なる新しいパラメータを導入し,

$$g(\nu) = \frac{8\pi}{c^3}\nu^2 \frac{h\nu}{e^{h\nu/kT} - 1} \tag{1.4}$$

$$g(\nu) = \frac{8\pi}{c^3}\nu^3 \frac{k\beta}{e^{\beta\nu/T} - 1} \tag{1.3}$$

とスペクトルを表現した. $h$ はプランク定数（Planck's constant）と呼ばれ, 量子力学で最も大切な基本定数である[*3]。

よくみるとプランクの式 (1.3) は, ウィーンの式 (1.2) に分母の $-1$ を付けただけの違いしかない. 実際, このようにすれば実験結果をよく説明できることをみいだしたのはプランクの助手であるという説もある. しかしプランクの真の偉大さは (1.4) 式の物理的意味を深く考察した点にあった. レーリー–ジーンズの式 (1.2) とプランクの式 (1.4) を比較すると, 両式はともに振動数 $\nu$ をもつ横波の振動状態数 $8\pi\nu^2/c^3$ と, その振動状態におけるエネルギー平均値 $\langle E \rangle$ の積

$$g(\nu) = \frac{8\pi}{c^3}\nu^2 \langle E \rangle \tag{1.5}$$

という形をもっている. 同式で $\langle E \rangle = kT$ とおくとレーリー–ジーンズの式が得られ, $\langle E \rangle = h\nu/(e^{h\nu/kT} - 1)$ とおくとプランクの式が得られる. 前者は, レーリー–ジーンズの式が調和振動子（harmonic oscillator）の集合について計算されていることから理解される. 調和振動子は 2 自由度をもっており[*4], エネルギー等分配則によれば, 1 自由度あたり $(1/2)kT$ のエネルギーが分配されるからである. 一方, プランクは熱統計力学的な考察を行い, 振動数 $\nu$ の振動状態のエネルギー平均値が $\langle E \rangle = h\nu/(e^{h\nu/kT} - 1)$ となるのは, 同状態のエネルギーがこれ以上分けられないエネルギー素量 $h\nu$ の集合からなる場合に限られることを発見した. プランクはこの素量のことをエネルギー量子と名付けた. 実は, プランクは光のエネルギーが量子化されているのは, これを励起する壁に付随する振動子のエネルギー状態のほうが不連続であるためと考えたようである. しかしこれは 2 章の光電効果で述べるように正しくない. 黒体輻射で量子化されているのは, あくまでも電磁場なのである. しかしこのことは,

---

[*3] $h = 6.6261 \times 10^{-34}$ Js である.
[*4] 運動エネルギーとポテンシャルエネルギーの 2 自由度.

## 1.3 プランクの公式

プランクのエネルギー量子概念の革命性をみじんも損なうものではない．新しい発見は，時としてこのように発見者の思い違いによってもたらされることがある．失敗を恐れずに大胆に発想することが大事である．

プランクの式 (1.4) は，$h\nu/kT \ll 1$ のときレーリー–ジーンズの赤の公式に，$h\nu/kT \gg 1$ のときウィーンの青の公式になる．このことの物理的意味は，光量子の概念を使って，以下のように説明される．温度 $T$ の黒体は空洞内の電磁場に熱エネルギーを与え，これが熱平衡になるまで振動を励起しようとする．そして等分配則より，このエネルギーの受け渡しは電磁場の各振動モードが平均 $kT$ のエネルギーをもつまで続くはずである．ところが電磁場にはエネルギー受け取りに際して制約条件があるため，すべてのモードが $kT$ のエネルギーを受け取れるわけではない．すなわち振動数 $\nu$ の電磁場の各振動モードは $h\nu$ を単位としてエネルギーが量子化されており，基本的にこの単位でしかエネルギーを受け取れないのである．たしかに $h\nu \ll kT$ のときは，エネルギー授受の単位が非常に小さいため，各振動モードは $kT$ の 100% 近くまで熱エネルギーを受け取ることができる．ところが $h\nu \gg kT$ のような高周波のモードとなると，せっかく黒体の壁が熱エネルギー $kT$ を与えようとしても，電磁場が受け取れるエネルギーの単位 $h\nu$ が $kT$ を超えてしまっているため，エネルギーを受け取れないのである[*5]．黒体輻射のスペクトルが短波長側で減衰するのはこうした事情による．その結果，黒体輻射スペクトルは $\nu \sim kT/h$ にピークをもつ．

1989 年，宇宙観測衛星 COBE は，宇宙のかなたから飛んでくるマイクロ波（背景輻射）の分布をとらえた．そして，このマイクロ波のスペクトルは $T = 2.726\,\mathrm{K}$ とおいた場合の (1.4) 式と完全な一致を示した．この温度が熱力学的考察と一致すること，およびマイクロ波が全宇宙からほぼ等方的に来ることから，背景輻射はビッグバンが存在したことの最もよい証拠と今日考えられている[*6]．プランクの式 (1.4) は宇宙の始まりまで我々に教えてくれる深遠な式なのである．

---

[*5] 何事も高望みせず，こつこつと蓄積することが大切である．
[*6] この発見に対し，2006 年度ノーベル物理学賞が授与された．

## 演習問題

**1.1** 1辺の長さ $L$ の立方体空間内の波動場を考える．壁のところで波動の振幅はゼロであるとする．空間内に立つ定在波のうち，周波数が $\nu$ と $\nu + d\nu$ の間にあるものの単位体積あたりの数を $n(\nu)d\nu$ とするとき

$$n(\nu) = \frac{4\pi\nu^2}{c^3}$$

となることを示せ．

**1.2** $T = 1000, 1250, 1500\,\mathrm{K}$ の場合について，プランクの $g(\nu)$ をプロットせよ．またこのグラフから $g(\nu)$ のピークを与える $\nu$ が温度 $T$ に比例すること（ウィーンの第 1 法則）を確かめよ．

**1.3** 黒体輻射の全エネルギー密度 $U$ は $U = \int_0^\infty g(\nu)d\nu = \alpha T^4$ で与えられる．$g(\nu)$ にプランクの公式を代入し，$\sigma = 5.67 \times 10^{-8}\,\mathrm{W/m^2K^4}$ となることを示せ．ただし，$\int_0^\infty \{x^3/(e^x - 1)\}dx = \pi^4/15$, $\sigma = (1/4)\alpha c$ ($c$ は光速) とせよ．

**1.4** 単位時間に地球に注ぐ太陽エネルギーと，単位時間に地球表面から宇宙に放出される輻射エネルギーを等しいとおいて地表温度を計算せよ．ただし地球における太陽からの入射エネルギー密度は $1367\,\mathrm{W/m^2}$ であるとする．

**1.5** 任意の個数のエネルギー量子 $\varepsilon$ をもつことができる，温度 $T$ の系を考える．系がエネルギー量子を $n$ 個もつ確率は $P_n = Ae^{-n\varepsilon/kT}$ で与えられる．このとき系のエネルギー平均値が $\langle E \rangle = \varepsilon/(e^{\varepsilon/kT} - 1)$ で与えられることを示せ．

**1.6** プランクの公式 (1.4) で，スペクトルのピークを与える周波数 $\nu$ は温度 $T$ とどのような関係にあるか．また $g(\nu)$ は $h\nu/kT \ll 1$ のときレーリー–ジーンズの赤の公式に，$h\nu/kT \gg 1$ のときウィーンの青の公式になることを示せ．

# 2 光の謎(2)——粒としての光

プランクが提案した光エネルギーの量子化は，振動数 $\nu$ の光がエネルギー $h\nu$ の粒の集合であると考えると理解しやすい．そしてこのような光の粒子性を証拠立てる実験が次々と発見された．

## 2.1 光 電 効 果

1902年ドイツのレナルト (P. Lenard) は，真空のガラス容器内に置いた金属片に光を照射すると，ある一定波長以下の光を照射した場合に金属から電子（光電子）が飛び出してくる**光電効果**（photoelectric effect）の実験を行った．光電効果はヘルツ (H. Herz) によってすでに10年前にみいだされていたが，レナルトの工夫は，放出された光電子の運動エネルギーを測定できるようにしたことであった（図 2.1）．光電子を集めるコレクター電極に負バイアスを印加していくと，ある負電圧（阻止電圧）で光電子による電流が流れなくなる．この阻止電圧が光電子の運動エネルギーに対応するのである．光の照射条件を変えながら光電子の運動エネルギー $K$ を観測すると，① $K$ は光の強度に無関係である，② 光の強度は電子の個数にだけ関係する，③ 電子のエネルギーは光の波長（振動数）に関係する，ことがみいだされた．①から，光の強度とエネルギーとは異なる概念であることがわかる．いくら赤外線ストーブにあたっても日焼けしないのはこのためである．

この問題を解いたのはスイスのベルンで特許庁三等技師だったアインシュタイン (A. Einstein) であった．1905年，アインシュタインは3本のきわめて重要な論文を書いた[*1]．一つ目は光電効果を取り扱った「光の発生と変換に関する一つの発見的な見地について」，二つ目はブラウン運動を取り扱った「原子の

---

[*1] 1905年はアインシュタイン奇跡の年と呼ばれる．

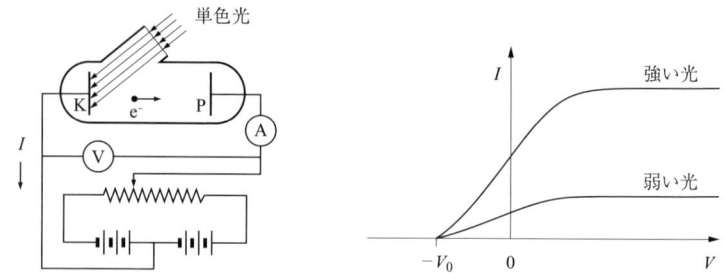

図 2.1 光電効果の概念図
(原康夫『量子力学』岩波書店, p.5, 図 1–1, 1–2)

存在の証明」，そして最後は特殊相対論に関する「運動している物体での電気力学について」である．第一論文の中で彼はレナルトの光電効果を説明するために，光がエネルギー $h\nu$ の粒，つまり光量子（光子）の集まりであると考え，

$$K_{\max} = h\nu - W \tag{2.1}$$

なる式を提案した．ここに $K_{\max}$ は飛び出してくる電子の運動エネルギーの最大値，$W$ は金属の仕事関数（work function）と呼ばれる，物質によって異なる定数である．この式を用いれば，$K_{\max}$ が光量子のエネルギー，すなわち光の周波数（波長）のみに依存し，光量子の個数に比例する光の強度には無関係であることが容易にわかる．アインシュタインのこの考えを光量子仮説（the light quantum hypothesis）という．アインシュタインの光量子はプランクのエネルギー量子とよく似ているが，光量子概念のほうが電磁場のエネルギーが量子化されていることを，より明瞭に表現している．1922 年，アインシュタインは，相対論ではなく，この光電効果に関する理論的研究でノーベル賞を受けた．相対論で受賞できなかった背景には反ユダヤ主義者だったレナルトの反対があったという．歴史の皮肉という他はない．

## 2.2 光の運動量と特殊相対論

アインシュタインは，光がエネルギー $h\nu$ の粒であると考えて光電効果を説明した．では光の運動量はどのように与えられるのであろうか．光が運動量を

もつことは，光を小さな物体にあてることで衝撃を与えられることから確認される．同じアインシュタインの特殊相対論によれば，光は質量が 0 の粒子と考えることができる．特殊相対論の教える運動量 $p$ とエネルギー $E$ の関係（分散関係 (dispersion relation)）

$$E = \sqrt{m^2c^4 + c^2p^2} \tag{2.2}$$

において $m=0$ とおくと $p = E/c$ を得る．したがって周波数 $\nu$，波長 $\lambda$ の光は，エネルギー $h\nu$，運動量 $h\nu/c$ の粒子として振る舞う．

## 2.3 コンプトン効果

1923 年，アメリカのコンプトン (A.H. Compton) は，波長 $\lambda$ の X 線を自由電子に照射したときに散乱される X 線を調べた結果，散乱された X 線の波長が入射 X 線よりも少し長くなることをみいだした．そして波長変化 $\Delta\lambda$ と散乱角 $\theta$ の間に

$$\Delta\lambda = \lambda_C(1 - \cos\theta) \tag{2.3}$$

$$\lambda_C = 2.4263 \times 10^{-12} \,\mathrm{m} \tag{2.4}$$

なる関係があることをみいだした[*2)]．コンプトンは，X 線光子がエネルギー $h\nu$，運動量 $p = h\nu/c = h/\lambda$ の粒子であり，この粒子と電子の非弾性散乱 (inelastic scattering) を考えることで (2.3),(2.4) 式を説明した．

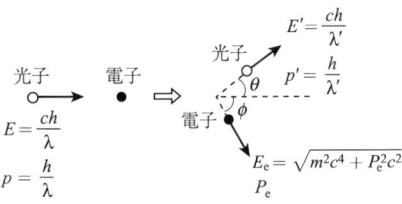

図 2.2 コンプトン散乱の概念図

---

[*2)] $\lambda_C$ はコンプトン波長と呼ばれ，$h/mc$ で与えられる．

## 演 習 問 題

**2.1** 特殊相対論における分散関係 (2.2) から出発し，運動エネルギーが静止エネルギーに比べて十分小さい非相対論的粒子に対する分散関係を導出せよ．

**2.2** 図 2.2 に示すように，静止している電子に波長 $\lambda$ の X 線を照射したとき，散乱される X 線の波長を $\lambda'$ とする．X 線光子と電子との衝突過程がコンプトンの仮定に従うとき，

$$\Delta\lambda = \lambda' - \lambda = \frac{h}{mc}(1 - \cos\theta)$$

となることを示せ．ここで，$h$ はプランク定数，$m$ は電子の静止質量，$c$ は光速，$\theta$ は X 線の散乱角である．

# 3 原子構造の謎

1,2章では，それまで波であると考えられてきた光が粒子性をもつことについて学んだ．本章ではそれまで粒と考えられてきた電子が波動性をもつことが，原子の発光現象をきっかけに発見される過程をみてみよう．

## 3.1 バルマーの公式

話は19世紀後半に遡る．水素原子を封入したガラス管内に置かれた一組の電極間に電圧をかけると，水素の発光スペクトルが得られる．水素の発光スペクトルは波長 $\lambda$ が 656.3, 486.2, 434.0, 410.2 nm などのように，不規則に並んだ離散的分布（スペクトル輝線）となる（図3.1）．これらの数字の規則性は長らく謎だったが，1885年，スイスの学校で数学教師だったバルマー（J.J. Balmer）は，これら4本の線スペクトルの波長がきわめて正確に

$$\lambda = A \frac{n^2}{n^2 - 4} \quad (n = 3, 4, 5, 6) \tag{3.1}$$

の関係を満たすことを発見した．ここに $A = 364.6 \, \text{nm}$ である．(3.1)式をバルマーの公式という．

## 3.2 リドベルグの公式

1890年，スウェーデンのリドベルグ（J. Rydberg）は，$\lambda$ の逆数（波数）を使うとバルマーの公式がもっと簡単に整理できることに気づいた．

$$\frac{1}{\lambda} = R \left( \frac{1}{2^2} - \frac{1}{n^2} \right) \tag{3.2}$$

$$R = \frac{4}{A} = 1.0972 \times 10^7 \, \text{m}^{-1} \tag{3.3}$$

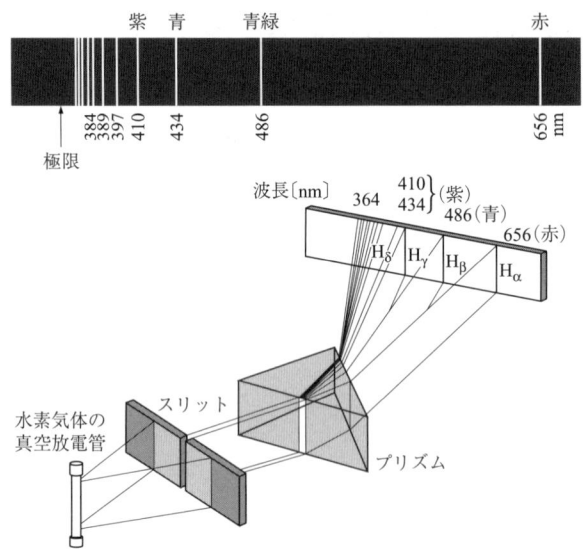

**図 3.1** 水素原子の輝線スペクトル
(戸田盛和『ミクロへ,さらにミクロへ』岩波書店,p.27,図 15)

$R$ はリドベルグ定数と呼ばれる.リドベルグの偉いところは (3.2),(3.3) 式の第 1 項をさらに一般化し,

$$\frac{1}{\lambda} = R\left(\frac{1}{m^2} - \frac{1}{n^2}\right) \tag{3.4}$$

とおいたことである.その後,$m$ をいろいろ変えてみたところ,これに対応する輝線の系列が次々と発見された[*1].

- $m = 1$　ライマン系列（紫外部）：1906 年
- $m = 2$　バルマー系列（可視部）：1885 年
- $m = 3$　パッシェン系列（赤外部）：1908 年
- $m = 4$　ブラケット系列（遠赤外部）：1922 年

リドベルグの発見では,①リドベルグ定数 $R$ が原子の種類によらない普遍定数であること,②スペクトルの振動数はいつも同じ形をした 2 項の差で与えられること,の 2 点が重要である.(3.4) 式右辺の各項をスペクトルターム

---

[*1] 科学的発見は多くの場合,特殊な例を通してみいだされる.その発見を一般化し,普遍的真理を抽出する努力を行うかどうかが大発見との分かれ目である.

(spectrum term) という. 原子からの発光スペクトルがこのようなスペクトルタームの差の形で与えられる理由を理解するためには, 原子の構造を知らなければならない.

## 3.3 原子構造の解明

原子の構造に関しては, まず電子が発見された. 1897年ケンブリッジ大学キャベンディッシュ研究所のトムソン (J.J. Thomson)[*2)]は, 気体の直流放電で陰極から発生する**陰極線** (cathode ray) と呼ばれる流れが, 電荷・質量比 $e/m = 1.7588 \times 10^{11}$ C/kg の, 負電荷をもった粒子からなることを発見した. 彼はこの粒子を電子 (electron) と名付けた. また1907年, アメリカのミリカン (Millikan) は電子の電荷を $e = 1.6 \times 10^{-19}$ C と求めた. したがって先の $e/m$ 値と合わせ, $m = 9.1 \times 10^{-31}$ kg と求められる. 一方, 水素原子の質量 $M$ は $M = 1\,\mathrm{g}/6.02 \times 10^{23} = 1.66 \times 10^{-27}$ kg であるから, 電子の質量は水素原子の質量の約1800分の1しかないことになる.

では電子より1800倍重く, 正の電荷をもったものが原子の中にどのように存在しているのだろうか. 1903年, トムソンは一様な正電荷が球状に拡がった中に, 負の電荷をもった電子が同心円的に配置された原子モデルを発表した. 原子をスイカに例えるならば, 赤い実の部分が正電荷, 黒い種が電子ということになる. このモデルは力学的に安定である上に, 球の中心のまわりに電子の振動を示し, その波長がちょうど可視光領域にあることから現実味があった. 一方1903年, 日本の長岡半太郎は原子の質量の大半を担う原子核が原子の中心を占め, そのまわりを電子が周回する「土星モデル」を発表した. 次に述べるラザフォード (E. Rutherford), ボーア (N. Bohr) の原子モデルに先立つ画期的な説であったが, 原子のように目にみえないものを論じるのは物理学ではなく形而上学であるとする当時の日本の保守的な風土にあって国内では大きな注目を集めず, 欧米でもポアンカレ (J–H. Proincaré) など一部の人々の支持にとどまった.

---

[*2)]　息子であり, 同じ物理学者の G.P. Thomson と区別して J.J. Thomson と呼ぶのが慣わしである.

原子の構造問題に決着を付けたのはニュージーランド出身で，キャベンディッシュ研究所時代にトムソンの弟子であったラザフォードである．ラザフォードはラジウムから放射される $\alpha$ 線（ヘリウムイオン）を金箔に照射し，その散乱の様子を調べた．その結果，大部分の $\alpha$ 粒子は 2〜3° の小さな角度しか散乱されなかったものの（前方散乱），8000 個に 1 個は 90° 以上の散乱（後方散乱）を受けることをみいだした．彼はこの結果に，「1 枚の紙切れをピストルで撃ったら弾が跳ね返ってきたようなものだ」と驚いた．こうして原子模型としては，長岡の土星モデルが正しいことが証明された．しかしラザフォード自身は長岡のモデルを知らなかったようである．ラザフォードは散乱角による散乱確率の計算（散乱断面積の計算）を行い，実験を説明するには正電荷の半径は原子半径の約 1 万分の 1 である必要があることをみいだした．

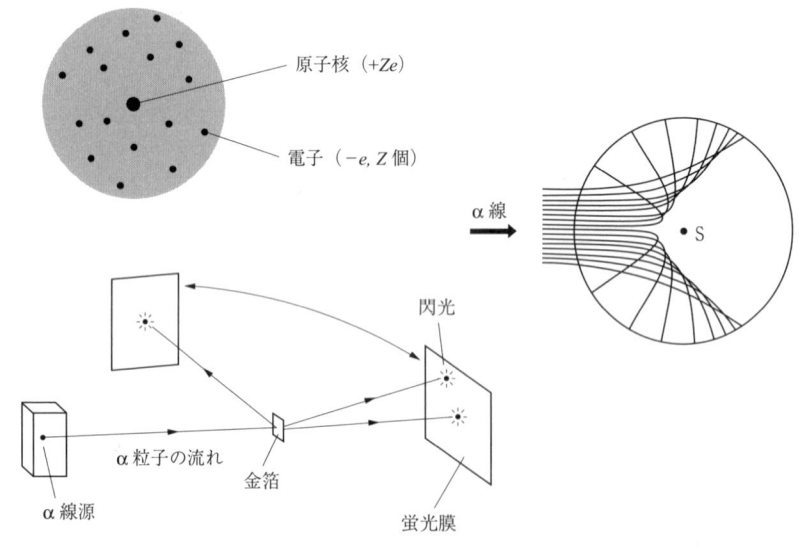

図 3.2　ラザフォードの $\alpha$ 線散乱実験

## 演 習 問 題

**3.1** 正電荷が半径 $a$ の球内に一様に分布している．電荷量は球全体で $+e$ である．いま球の中心 O から距離 $r$ の位置に負電荷 $-e$ が存在しているものとする．

1) 負電荷の位置の電場を計算し，この負電荷が単振動することを示せ．
2) $a = 0.1\,\mathrm{nm}$, $e = 1.6 \times 10^{-19}\,\mathrm{C}$ とし，この単振動から放射される光の波長を求めよ．
   ただし，光の振動数は単振動の振動数に等しいとせよ．

# 4 ボーアの前期量子論

 3章では,原子が原子核とその周囲をまわる電子からなるとする,ラザフォードの原子モデルが発見されるまでのいきさつを述べた.しかしこの小さな太陽系モデルは,ただちに実験と理論からの新たな挑戦を受けることになる.第一に,このモデルでは原子は連続スペクトルを発するはずであって,実験で観測される輝線スペクトルを説明できない.第二に,マックスウェルの電磁気学によれば,円運動をする電子は電磁波を出して1000億分の1秒たらずでエネルギーを失い,原子核に落ち込んでしまうことである.これでは原子が安定に存在できない.この問題を解決したのがマンチェスター大学におけるラザフォードの弟子,デンマーク出身のボーアであった.

## 4.1 ボーアの疑問

 原子はなぜこんなに安定なのか——これが1912年[*1],意見の相違からケンブリッジ大学キャベンディッシュ研究所のJ.J.トムソンの下を離れ,ラザフォードを慕ってマンチェスター大学に移った若き日のボーアをとらえた疑問であった.「私にとっての出発点は今日までの物理学の立場からはまったくの驚異としかいいようのない物質の安定性ということでした.いつでも繰り返して,同じ性質をもった同じ元素が現れるということ,同じ構造の結晶が作られること,同じ化学結合が生じるということ,ある一定のガスで満たされた蛍光灯からはいつでも繰り返して正確に同じスペクトル線をもった光が出ること,これらすべてのことは決して自明のことではありません」[*2].ボーアは,原子内ではごく限られた軌道運動だけが電子に対して許されており,この軌道の間を電子が

---

[*1] この年,4月にタイタニック号が沈没している.
[*2] ハイゼンベルグ著『部分と全体』より.

飛び移るときに原子特有の輝線スペクトルが出るのではなかろうかと考えた．ボーアはこの限られた軌道運動状態を**定常状態**（stationary state）と呼んだ．ボーアは原子内電子の定常状態という概念を導入することで，原子の安定性と輝線スペクトルという，原子にまつわる二つの難問を同時に解決しようとしたわけである．ボーアはこの考えを以下の二つの仮説にまとめた．

**仮説 (1)** 原子の中で電子は原子核のまわりに離散的に存在する円運動 (軌道) 状態にある．これを定常状態と呼ぶ．定常状態にいる電子は電磁波を放出しない．

**仮説 (2)** 電子が軌道から軌道へ遷移するときに原子は光を放出する．この光のエネルギー $h\nu$ は電子の軌道エネルギーの差に等しい．

ボーアの仮説 (2) およびアインシュタインの光量子仮説から，電子軌道の遷移に基づく発光は，

$$h\nu = E_n - E_m \quad (n > m) \tag{4.1}$$

で与えられることになる．ここに $n$ および $m$ は定常状態を指定する整数である．(4.1) 式からただちに

$$\nu = \frac{E_n}{h} - \frac{E_m}{h} \tag{4.2}$$

が得られる．この式はリドベルグの式 (3.4) によく似ている．実際，光速 $c$ が $c = \lambda\nu$ によって与えられることを用いると，両式の比較より

$$E_n = -\frac{chR}{n^2} = -\frac{13.6\,\mathrm{eV}}{n^2} \tag{4.3}$$

が得られる．

## 4.2 ボーアの量子論

ボーアは定常状態に対する考えをさらに進め，

**仮説 (3)** 定常状態では電子の円運動における角運動量 $L$ が $\hbar$ ($\hbar = h/2\pi$) の整数倍になる

とする第三の仮説を立てた．この仮説は式で表すと

$$L = pr = mvr = n\hbar \quad (n = 1, 2, 3, \ldots) \tag{4.4}$$

と表される．ボーアの量子論はこの仮説に集約されており，あとはこれに古典的なエネルギーの式

$$E = \frac{1}{2}mv^2 - \frac{e^2}{4\pi\varepsilon_0 r} \tag{4.5}$$

および力の釣り合い

$$0 = \frac{mv^2}{r} - \frac{e^2}{4\pi\varepsilon_0 r^2} \tag{4.6}$$

を組み合わせることで，電子のエネルギー準位として

$$E_n = -\left(\frac{e^2}{4\pi\varepsilon_0}\right)^2 \frac{m}{2\hbar^2} \frac{1}{n^2} \tag{4.7}$$

を得る．さらに軌道半径は

$$r = a_0 n^2 \tag{4.8}$$

で与えられる．ここに

$$a_0 = \frac{4\pi\varepsilon_0 \hbar^2}{me^2} \tag{4.9}$$

はボーア半径と呼ばれる[*3]．

ボーア理論によるエネルギー表現 (4.7) に数値を代入すると，電子エネルギー準位として

$$E_n = -\left(\frac{e^2}{4\pi\varepsilon_0}\right)^2 \frac{m}{2\hbar^2} \frac{1}{n^2} = -\frac{13.6\,\text{eV}}{n^2} \tag{4.10}$$

を得るが，これは実験的に求められたリドベルグ定数を用いて得られる (4.3) 式と見事に一致することがわかる．

## 4.3　フランク–ヘルツの実験

1913 年にボーアの最初の考えが発表されると，さっそく翌年，フランク (J. Franck) とヘルツ (G. Hertz)[*4] は，この離散的エネルギー準位を直接確かめようとした．彼らは原子に電子を打ち込み，跳ね返る電子のエネルギーを図 4.1(a) のような装置を用いて測定した．希薄な気体を入れた放電管において，陽極 A の手前にグリッドを置き，ここに 0.5 V 程度の小さな障壁を設ける．もし原子

---

[*3]　$a_0 = 0.0529\,\text{nm}$.
[*4]　光電効果を発見した H. Hertz の甥である．

内の電子準位が離散的であるならば，電子の加速電圧 (電子のエネルギー) が気体原子によって吸収される固有のエネルギーの整数倍になる度に，電子のエネルギーの吸収がおき，その結果，陽極手前にたどりついた電子は最後の 0.5 V の坂を登ることができなくなる．こうして加速電圧を変化させていくと，陽極を流れる電流が周期的な減少を示すようになるはずである．水銀蒸気を用いた実験結果 (図 4.1(b)) はまさにそのような周期的なくぼみを示し，得られた吸収エネルギー (4.9 eV) は，同じ管からの発光輝線 (253.7 nm) の光子エネルギーとぴたり一致した．こうして原子中に，離散的なエネルギー状態が存在すること，そして原子発光のスペクトル輝線は，まさにこの離散的なエネルギー状態間の遷移によるものであることが示された．

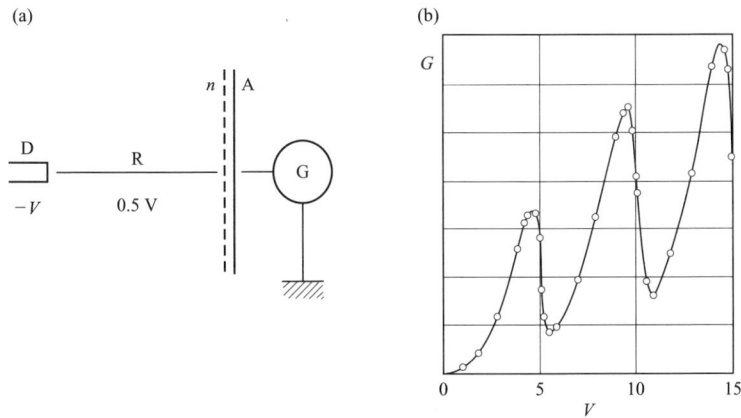

図 **4.1** フランク・ヘルツの実験 (a) とその結果 (b)

## 4.4 ボーア–ゾンマーフェルトの量子条件

4.2 節でみたようにボーアは量子条件 $L = pr = mvr = n\hbar$ と古典力学を組み合わせ，水素原子の発光線スペクトルを説明することに見事成功した．しかしこの量子条件は円運動の場合にしか使えない．もっと一般的な量子条件の表現法はないものか[*5]——ミュンヘン大学のゾンマーフェルト (A. Sommerfeld)

---

[*5] これもやはり，発見の一般化である．

はこう考えた (1915〜1916 年).

ゾンマーフェルトは周期運動系を特徴付ける位置座標 $q(t)$, 運動量 $p(t)$ が $q$–$p$ 平面内で描く閉曲線 (トラジェクトリ) を考え，トラジェクトリに囲まれた面積で与えられる作用変数 $J$ を用いると，ボーアの量子条件が

$$J = \oint p\,dq = nh \tag{4.11}$$

と一般化されることをみいだした．これをボーア–ゾンマーフェルト (Bohr-Sommerfeld) の量子条件という．さらに $f$ 自由度の系に対しては，

$$J_s = \oint p_s\,dq_s = nh \quad (s = 1, 2, 3, \ldots, f) \tag{4.12}$$

のように，各自由度ごとに作用変数 $J_s$ が決定される．

調和振動子の場合，

$$J = ET = \frac{E}{\nu} \tag{4.13}$$

と与えられる (問題 4.2)．(4.13) 式とボーア–ゾンマーフェルトの量子条件 (4.11) を組み合わせると $E = nh\nu$ を得るが，これはプランクのエネルギー量子の式に他ならない．これはプランクの式が取り扱う黒体輻射の電磁場が，調和振動子の集合として扱えることを反映している．

## 4.5 水素原子への適用

水素原子のモデルとしてクーロンポテンシャルの中での電子の運動を考える．運動は一般に楕円運動となる．運動エネルギーは極座標を用い

$$E = \frac{1}{2}m\left(\left(\frac{dr}{dt}\right)^2 + r^2\left(\frac{d\phi}{dt}\right)^2\right) - \frac{e^2}{4\pi\varepsilon_0 r} = \frac{1}{2m}\left(P_r^2 + \frac{P_\phi^2}{r^2}\right) - \frac{e^2}{4\pi\varepsilon_0 r} \tag{4.14}$$

と表される．ただし

$$P_r = m\frac{dr}{dt} \tag{4.15}$$

$$P_\phi = mr^2\frac{d\phi}{dt} \tag{4.16}$$

## 4.5 水素原子への適用

はそれぞれ動径方向の運動量，および運動面に垂直な軸のまわりの角運動量である．クーロンポテンシャルのように中心力場の場合，角運動量は一定となり

$$P_\phi = M \tag{4.17}$$

とおける．ここで自由度は $r$ と $\phi$ の 2 個である．自由度 $\phi$ に関する量子化条件は次式で与えられる．

$$J_\phi = \oint P_\phi d\phi = 2\pi M = kh \quad (k = 0, 1, 2, \ldots) \tag{4.18}$$

すると (4.14) 式は

$$\begin{aligned} E &= \frac{1}{2m}\left(P_r^2 + \frac{M^2}{r^2}\right) - \frac{e^2}{4\pi\varepsilon_0 r} \\ &= \frac{1}{2m}P_r^2 + \frac{1}{2m}\frac{M^2}{r^2} - \frac{e^2}{4\pi\varepsilon_0 r} \end{aligned} \tag{4.19}$$

と表される．第 2 項と第 3 項はともに半径 $r$ のみの関数であり，両者を合わせたものを有効ポテンシャルという．図 4.2 に有効ポテンシャルの形を示す．エネルギー $E$ が負のとき，軌道の半径 $r$ は D 点と F 点の間を振動する．D 点は近日点，F 点は遠日点と呼ばれる．

(4.19) 式を $P_r$ について解いて，

$$P_r = \pm\sqrt{2mE + \frac{2me^2}{4\pi\varepsilon_0 r} - \frac{M^2}{r^2}} \tag{4.20}$$

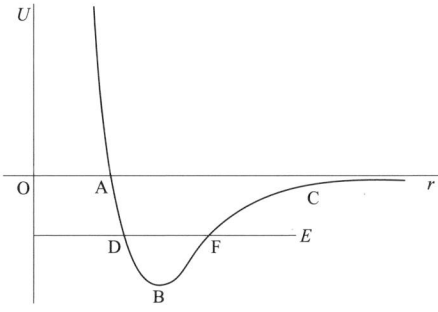

図 **4.2** 中心力場における有効ポテンシャル

を得るので，動径方向の量子化条件は

$$
\begin{aligned}
J_r = \oint P_r dr &= -2\pi\left(|M| - \frac{me^2}{4\pi\varepsilon_0}\frac{1}{\sqrt{-2mE}}\right) \\
&= n'h \quad (n' = 0, 1, 2, \ldots)
\end{aligned}
\tag{4.21}
$$

となる．(4.18) および (4.21) 式より

$$
-2\pi\left(\frac{kh}{2\pi} - \frac{me^2}{4\pi\varepsilon_0}\frac{1}{\sqrt{-2mE}}\right) = n'h
\tag{4.22}
$$

を得，これより

$$
\begin{aligned}
E &= -\frac{2\pi^2 me^4}{(4\pi\varepsilon_0)^2 h^2}\frac{1}{(n'+k)^2} \\
&= -\frac{me^4}{(4\pi\varepsilon_0)^2 2\hbar^2}\frac{1}{n^2}
\end{aligned}
\tag{4.23}
$$

を得る．ただし $n = n' + k$ である．(4.23) 式は円運動を仮定したボーアの理論 (4.7) 式と一致する．さらに磁場中では電子軌道の向きがエネルギー状態の違いを引き起こし (ゼーマン効果)，これを指定する量子数として磁気量子数 $m$ を得た．こうして中心力場中を $r, \phi$ なる 2 自由度をもって楕円運動する電子状態

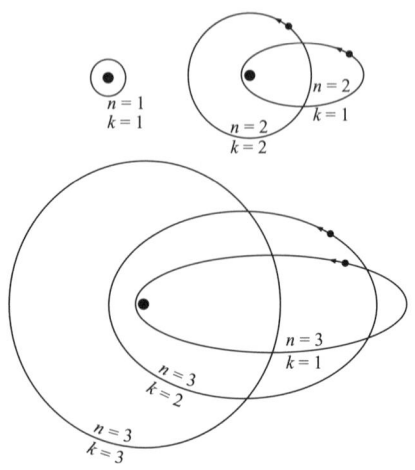

図 **4.3** ボーアの電子軌道

は $n, k$ および $m$ なる 3 個の量子数によって指定されることがわかった．ここに $n$ は主量子数と呼ばれ，(4.23) 式から明らかなように軌道の大きさを通して系のエネルギーを指定する．また $k$ は副量子数と呼ばれ，電子軌道の形を表す．幾何学的には電子の楕円軌道の長径に対する短径の比は，短径/長径 $= k/n$ と表される．$n = k$ のとき軌道は円軌道となり，$k$ が小さくなるにつれて楕円は細長くなる．また磁気量子数は軌道が向いている方向を指定する．

## 演 習 問 題

**4.1** (4.7)〜(4.9) 式を導出せよ．

**4.2** 1 次元単振動

$$m\frac{d^2x}{dt^2} = -kx$$

を考える．この系の作用変数が

$$J = ET = \frac{E}{\nu}$$

となることを示せ．ただし $\nu = \sqrt{k/m}/2\pi$ である．

# 5 量子力学の誕生

## 5.1 物質の波動性の着想と変分原理

1923 年[*1]，コンプトンによってアインシュタインの光量子仮説を決定的に証明する実験がなされたこの年，フランスのド・ブロイ (de Broglie) は物質波という革命的な概念を提案した．彼はなぜボーアの量子論には整数が出てくるのかという疑問から出発し，整数が登場する自然現象として波の高調波に思い至った．そしてアインシュタインの光量子仮説によってみいだされた波動と粒子の二重性には一般性があり，物理的世界のすべてに拡張できると考えた．つまり光子，電子，陽子などあらゆる種類の粒子の運動に波動の伝搬が付随すると考えた．

ド・ブロイがこの考えをさらに推し進めるに際して障害となったのは，変分原理による物理の定式化の問題であった．変分原理とは，波動なり粒子が実際にとる運動経路を，ある評価関数の経路積分を最大あるいは最小とする経路として数学的に表現することである．古典力学はこの変分原理を用いて定式化することができるが，しかし波と粒子では，その数学的形式がまったく異なるのである．光の変分原理は，光は目的地に最短時間で到達する経路を選択するというフェルマーの定理によって与えられる．これは数学的には次のように表現される．

$$\delta \int_A^B \frac{1}{V} ds = 0 \qquad (5.1)$$

ここに $V$ は光の速度，$s$ は光線の経路上の距離である．つまりこの積分は A 点から B 点に向かう光線の所要時間を計算するものである．積分の前に付いた

---

[*1] 日本では関東大震災の年である．

δ は経路を変更する操作（変分）を意味しており，A 点から B 点を最短時間で結ぶ経路のまわりではこの積分の変分は 0 となる．光線の水面やレンズでの屈折現象，熱く焼けたアスファルト道路の逃げ水現象，あるいは通信用光ファイバーの屈折率分布など，すべてこの考えで説明できる．

これに対し，粒子の運動を説明する変分原理は最小作用の法則と呼ばれる．これは数学的には，粒子の速度 $v$ を用いて

$$\delta \int_B^A v ds = 0 \tag{5.2}$$

と表される．その意味するところは，粒子はできるだけ速度の小さくなるような経路を好んで動くということである．ゴルフのパッティングでボールが大きく弧を描いてカップに吸い込まれていくとき，ボールは速度の遅い経路，すなわち重力ポテンシャルの高い位置を多く通るように運動するのである．

## 5.2 位相速度と群速度[*2)]

ド・ブロイの悩みは，(5.1) と (5.2) 式の形式上の違いにあった．粒子としての電子は (5.2) 式に従い，波動としての電子は (5.1) 式に従うというのでは，電子の性格によってその運動経路が変わってしまうことになる．ド・ブロイは，波には 2 種類の速度が付随することに気づいた．一つは波頭の動く速度 = **位相速度** (phase velocity) であり，もう一つは，多くの波が重ね合わさり強められた場所（波束）が動く速度 = **群速度** (group velocity) である．位相速度は波動の角周波数 $\omega (= 2\pi\nu)$ を波数 $k$ で割った商 $(v_p = \omega/k)$ で表される．波数とは単位長さあたりに何個の波が入るかという量であり，$2\pi/\lambda$ で定義される．一方，群速度は角周波数 $\omega$ の波数 $k$ に対する微分 $(v_g = d\omega/dk)$ で定義される．さらにド・ブロイは，粒子の運動量 $p$ には波長 $\lambda = h/p$ が付随する，すなわち

$$p = \frac{h}{\lambda} = \frac{h}{2\pi}\frac{2\pi}{\lambda} = \hbar k \tag{5.3}$$

であると仮定した．すると群速度は

$$v_g = \frac{d\omega}{dk} = \frac{d(\hbar\omega)}{d(\hbar k)} = \frac{dE}{dp} \tag{5.4}$$

---

[*2)] より詳しくは次章で学ぶ．

と，エネルギー $E$ の運動量 $p$ に対する微分を通して与えられることになる．

粒子に波動を付随させることによって生じる変分原理の矛盾を，ド・ブロイは特殊相対論を用いて解決した．特殊相対論によれば位相速度と群速度が反比例する[*3)]が，波動運動に対する変分原理 (5.1) 式には位相速度を，粒子運動に対する変分原理 (5.2) 式には群速度を用いるべきことに注意すれば，両式の間に矛盾はないのである．またしてもアインシュタインの創出した概念によって量子力学は一歩前進したことになる．

## 5.3 電子波の回折・干渉

こうしてエネルギー $E$，運動量 $p$ をもつ粒子に，振動数 $\nu = E/h$，波長 $\lambda = h/p$ をもつ波が付随することが提案された．この波をド・ブロイ波，この波長をド・ブロイ波長という．100 eV の運動エネルギーをもつ電子の波長は約 1.2 Å となり，X 線と同程度の波長となることがわかる．したがってこのような電子を用いることにより，X 線の場合と同様，固体結晶による回折，干渉の効果を利用して，電子の波動性を確認できると考えられる．このような実験は，1925 年，デビソン (C.J. Davisson) とガーマー (L.H. Germer) によって初めてなされた．彼らはニッケルの結晶による電子線の回折を観測し，それが特定の方向に強く回折されることを発見した．その解析結果は，電子がド・ブロイの予想した波として振る舞うことを証明するものとなり，電子の波動性を示す最初の証拠となった．さらにその数年後，トムソン (G.P. Thomson)[*4)] によって，さらに高いエネルギーの電子を用いた実験が行われ，電子のもつ波動性が明らかとなった．今日，電子線回折は結晶の表面や内部を調べる手段として，日常的に用いられている．

このように，電子のもつ波動性が明らかになると，次に，ド・ブロイの示した予想がさらに大きな物質に対しても成立しているかどうかが問題となる．このような観点から，陽子，中性子などの素粒子をはじめ，原子，分子などの複合粒子まで，様々な実験がこれまで行われてきた．そのような研究はすべて，こ

---

[*3)] 演習問題 5.2 参照．
[*4)] 電子を発見した J.J. トムソンの息子である．

れらの粒子もまたド・ブロイの予想した波動性を合わせもつことを示すものであった．さらに最近では，炭素原子がサッカーボール状に集まったフラーレン（$C_{60}$）と呼ばれる大きな分子や，ある種の生体分子においても，それらの波動性を検証する実験が行われている．

## 5.4 物質波とボーアの量子条件

ド・ブロイの電子の物質波（電子波）仮説によって，ボーアの定常状態が電子波の定在波として位置付けられることになった．すなわちド・ブロイは，電子波が円軌道に沿って一巡したときに位相がうまくつながらないと波は干渉によって消えてしまうだろうと考えた．

$$2\pi r = n\lambda \tag{5.5}$$

(5.5) 式からボーアの量子条件 (4.4) 式が容易に導かれる．こうしてこれまで仮説にすぎなかったボーアの量子条件に対して，円軌道における電子波の定在波という具体的な物理的描像が与えられることになった．

### 演 習 問 題

**5.1** フェルマーの定理を用い，光の屈折に関するスネルの法則を導出せよ．

**5.2** 特殊相対論によれば，光および粒子の分散関係は $E = \sqrt{m^2c^4 + c^2p^2}$ と書ける．位相速度 $v_p$ および群速度 $v_g$ を求め，両者が反比例することを示せ．

**5.3** 水素原子を考える．ド・ブロイの電子波を用いてボーアの定常状態を表し，全エネルギーを電子軌道半径 $r$ の関数として表せ．そしてエネルギーを最低にする電子半径，およびそのエネルギーを求めよ．

**5.4** エネルギー $E$ の光子および非相対論的電子のド・ブロイ波長は，それぞれ $\lambda(\mu m) = 1.24/E(eV)$ および $\lambda(nm) = 1.23/\sqrt{E(eV)}$ で与えられることを示せ．

# 6 シュレーディンガー方程式と波動関数

## 6.1 波と重ね合わせ

前章で述べたように，物質の「波」としての性質は量子力学を理解する上で非常に重要な概念である．ここでは，古典的な「波」の性質をまとめておこう．

最も単純な波は，一方向に伝わる**正弦波** (sinusoidal wave) である．正弦波はまた**単色波** (monochromatic wave) とも呼ばれる．波の伝わる方向を $x$ 軸にとり，ある位置 $x$ および時間 $t$ における波の振幅を $u(x,t)$ とすると，この正弦波は

$$u(x,t) = A\sin(kx - \omega t) \tag{6.1}$$

と書ける．ここで，$k$ を**波数** (wave number)，$\omega$ を**角振動数** (angular frequency)[*1] と呼ぶ．正弦波の $x$ 軸方向の波長は $\lambda = 2\pi/k$，時間軸での周期は $T = 2\pi/\omega$ である．

次に正弦波が移動する速度を求めよう．時間が $t$ から $t + \Delta t$ だけ変化すると，

$$\begin{aligned}u(x, t+\Delta t) &= A\sin\{kx - \omega(t+\Delta t)\} \\ &= A\sin\{k(x - v_p\Delta t) - \omega t\}\end{aligned} \tag{6.2}$$

となる．ここで

$$v_p = \frac{\omega}{k} \tag{6.3}$$

であり，波は $x$ 軸の正方向へ速度 $v_p$ で形を変えずに移動していく．$v_p$ を波の

---

[*1] $\omega$ を単に周波数と呼ぶこともあるが，**振動数** (frequency) $\nu = \omega/2\pi$ と混同しやすいので，ここでは角振動数と呼んで区別することにする．

位相速度 (phase velocity) という．

いくつかの正弦波が同時に存在するとき，合成された振幅は個々の正弦波の振幅の和で表される．これを線形な**重ね合わせ** (superposition) という．いま，波数と角振動数がわずかに異なる二つの正弦波の重ね合わせを考えよう．各々の波数と角振動数を $k \pm \Delta k$ および $\omega \pm \Delta \omega$ ($\Delta k \ll k$, $\Delta \omega \ll \omega$) とすると，各々の正弦波は

$$u_1 = A \sin\{(k+\Delta k)x - (\omega + \Delta \omega)t\}, \tag{6.4}$$

$$u_2 = A \sin\{(k-\Delta k)x - (\omega - \Delta \omega)t\} \tag{6.5}$$

と書ける．その重ね合わせは，

$$u_1 + u_2 = 2A \sin(kx - \omega t) \cos(\Delta k x - \Delta \omega t) \tag{6.6}$$

となって，波数 $k$ の波が波数 $\Delta k$ の波（包絡波）で振幅変調を受けた形になっている．包絡波の移動する速度は $v_g = \Delta \omega / \Delta k$ であり，一般には位相速度 $v_p$ とは異なる．さらに多数の正弦波を重ね合わせると，ある点の近傍にのみ大きい振幅をもつような波（**波束**：wave packet）[*2]を作ることができる．このような場合には，包絡波の速度は

$$v_g = \lim_{\Delta k \to 0} \frac{\Delta \omega}{\Delta k} = \frac{d\omega}{dk} \tag{6.7}$$

で与えられる．この速度 $v_g$ を**群速度** (group velocity) という．群速度は，波束の包絡波が進む速度であるから，エネルギーが空間的に移動する速度を表している．

正弦波を表すとき，(6.1) 式のかわりに指数関数

$$\begin{aligned}u(x,t) &= Ae^{i(kx-\omega t)} \\ &= A\{\cos(kx-\omega t) + i\sin(kx-\omega t)\}\end{aligned} \tag{6.8}$$

を用いると便利である．(6.8) 式の指数関数の実部は余弦 (cos) 成分，虚部は正弦 (sin) 成分を表す．3 次元空間での正弦波の波数は，スカラー量 $k$ のかわりに，

---

[*2] パルスともいう．

波の進む方向を向き，絶対値が波数の大きさをもつベクトル $\bm{k}$ によって指定される．これを**波数ベクトル**といい，座標 $\bm{r}$，時刻 $t$ における波の振幅は (6.8) 式を拡張して

$$u(\bm{r},t) = Ae^{i(\bm{k}\cdot\bm{r}-\omega t)} \tag{6.9}$$

と書くことができる．このような波は，波面（位相が等しくなる面）が平面となるので，1 次元の場合の (6.8) 式も含めて**平面波**と呼ばれる．

## 6.2 古典的波動方程式

位置 $x$ および時刻 $t$ に関する関数 $u(x,t)$ に対して，次のような 2 階の線形微分方程式を考える．

$$v^2\frac{\partial^2 u}{\partial x^2} = \frac{\partial^2 u}{\partial t^2} \tag{6.10}$$

この方程式の解の一つは，正弦波 (6.1) 式または平面波 (6.8) 式となり，$v$ が位相速度 $v_p$ となることがわかる．このような方程式が現れる例として，弾性体または弦の振動の方程式，自由空間における電磁場の方程式などが挙げられる．方程式 (6.10) の解の一つを $u$ すると，その複素共役 $u^*$ もまた解となり，その和

$$u + u^* = 2\mathrm{Re}\,u \tag{6.11}$$

もまた解となるので，方程式 (6.10) は実解をもつことがわかる．

## 6.3 物質波の方程式

5.2 節で述べたド・ブロイの仮定は，運動量 $p$ の粒子には，波長 $\lambda = h/p$ の波（物質波）が付随するというものであった．すなわち，

$$p = \frac{h}{\lambda}. \tag{6.12}$$

いま，その波を平面波

$$u(x,t) = e^{i(kx-\omega t)} \tag{6.13}$$

## 6.3 物質波の方程式

で表そう．このとき，

$$k = \frac{2\pi}{\lambda} \tag{6.14}$$

を用いて，

$$p = \frac{hk}{2\pi} = \hbar k \tag{6.15}$$

となる．ここで，

$$\hbar \equiv \frac{h}{2\pi} \tag{6.16}$$

である[*3]．(6.13) 式を $x$ で微分したものは，

$$\frac{\partial u}{\partial x} = iku = i\frac{p}{\hbar}u \tag{6.17}$$

となり，$x$ についての微分は運動量に比例した量となる．すなわち，

$$p = \frac{\hbar}{i}\frac{\partial}{\partial x} \tag{6.18}$$

と書くことができる．$x$ についての 2 階微分を実行すると，

$$\frac{\partial^2 u}{\partial x^2} = -k^2 u = -\frac{p^2}{\hbar^2}u \tag{6.19}$$

を得る．いま，粒子の質量を $m$ とすると，その運動エネルギー $K$ は

$$K = \frac{p^2}{2m} \tag{6.20}$$

であるから，(6.19) 式は

$$-\frac{\hbar^2}{2m}\frac{\partial^2 u}{\partial x^2} = \frac{p^2}{2m}u = Ku = (E - V)u \tag{6.21}$$

または

$$\left(-\frac{\hbar^2}{2m}\frac{\partial^2}{\partial x^2} + V\right)u = Eu \tag{6.22}$$

---

[*3] $\hbar$（エイチバー）はディラック (Dirac) 定数ともいう．

と書くことができる．ここで，$E$ は粒子の全エネルギー，$V$ は位置エネルギー（ポテンシャル）である．

一方，1.3 節の議論から，振動数 $\nu(=\omega/2\pi)$ の光子には

$$E = h\nu = \hbar\omega \tag{6.23}$$

のエネルギーが付随する．(6.23) 式が，光だけではなく物質波 (6.13) 式についても成り立つと仮定しよう．ここで，(6.13) 式を $t$ で微分すると，

$$\frac{\partial u}{\partial t} = -i\omega u = -\frac{i}{\hbar}Eu \tag{6.24}$$

または

$$i\hbar\frac{\partial u}{\partial t} = Eu \tag{6.25}$$

となる．(6.22) と (6.25) 式とにおけるエネルギー $E$ が等しいものと考え，両式の左辺を組み合わせると，物質波の満たすべき波動方程式

$$\left(-\frac{\hbar^2}{2m}\frac{\partial^2}{\partial x^2} + V\right)u = i\hbar\frac{\partial u}{\partial t} \tag{6.26}$$

を得る．特に，$V = 0$ すなわち自由空間を運動する粒子の物質波に対する方程式は，

$$-\frac{\hbar^2}{2m}\frac{\partial^2 u}{\partial x^2} = i\hbar\frac{\partial u}{\partial t} \tag{6.27}$$

となる．

(6.27) 式を古典的波動方程式 (6.10) と比べてみよう．(6.10) 式が時間について 2 階の微分方程式であるのに対し，(6.27) 式は時間について 1 階である．また，(6.10) 式が実解をもつのに対し，(6.27) 式は一般に実解をもたない．したがって，物質波として正弦波 (6.1) 式のような実数の振幅をもつ波は許されないことになる．この，物質波のもつ複素振幅の意味については後で述べる．

## 6.4 シュレーディンガーの波動方程式

前節では，ある運動量をもった粒子に付随する物質波を平面波と考え，ド・ブロイの仮定から得られる関係 (6.15) 式とプランクの量子化エネルギー (6.23)

## 6.4 シュレーディンガーの波動方程式

式とを組み合わせ，波動方程式 (6.26) を導いたのであった．方程式 (6.26) は線形であることから，いくつかの平面波の重ね合わせもまた同じ方程式の解となる．フーリエ変換の原理によって，一般の関数は平面波の重ね合わせとして表すことができるから，方程式 (6.26) は平面波に限らず一般的に成り立つものと考えられる．シュレーディンガー (E. Schrödinger) は，このような考えに基づき，方程式 (6.26) は粒子に付随する波動が一般的に従うべき基礎方程式であり，この方程式に従う波動のみが物理的に許されるものと考えた．この波動を表す数学的表現を**波動関数** (wave function) と呼び，位置 $r$ と時刻 $t$ の関数として $\Psi(r,t)$ で表すことにする．前述したように，$\Psi$ は一般に複素数の値をもつことに注意しよう．$x$ 方向の 1 次元運動のみを考えた場合，波動関数 $\Psi(x,t)$ の満たすべき方程式は

$$\left(-\frac{\hbar^2}{2m}\frac{\partial^2}{\partial x^2} + V(x)\right)\Psi(x,t) = i\hbar\frac{\partial \Psi(x,t)}{\partial t} \tag{6.28}$$

であり，これを**シュレーディンガーの波動方程式**または**時間に依存するシュレーディンガー方程式**と呼ぶ．ここで，ポテンシャル $V(x)$ は位置 $x$ だけの関数であるとした．

(6.28) 式の左辺の括弧内の項は各々，運動エネルギーと位置エネルギーを表す項であるが，これらは波動関数 $\Psi$ に作用する**演算子** (operator) となる．(6.18) 式でみたように $x$ 方向の**運動量演算子** $\hat{p}_x$ を[*4)]

$$\hat{p}_x = \frac{\hbar}{i}\frac{\partial}{\partial x} \tag{6.29}$$

と定義とすると，シュレーディンガーの波動方程式は

$$\left(\frac{\hat{p}_x^2}{2m} + V(x)\right)\Psi(x,t) = i\hbar\frac{\partial \Psi(x,t)}{\partial t} \tag{6.30}$$

と書け，左辺のもつ意味がより明確になる．(6.30) の左辺の括弧の中は，粒子の運動エネルギーとポテンシャルの和すなわち全エネルギーを表す演算子である．これを，**ハミルトニアン演算子**[*5)]または単にハミルトニアンといい，$\hat{H}$ ま

---

[*4)] 以後，波動関数に作用する演算子であることを顕に示す記号として ^ (ハット) を用いることにする．
[*5)] ハミルトン演算子ともいう．

たは $\hat{\mathcal{H}}$ と書くことにすると，シュレーディンガーの波動方程式は再び

$$\hat{H}\Psi(x,t) = i\hbar \frac{\partial \Psi(x,t)}{\partial t} \quad (6.31)$$

とさらに簡単な形に書ける．

3次元空間を運動する粒子の場合には，運動量演算子はベクトル量となり，

$$(\hat{p}_x, \hat{p}_y, \hat{p}_z) = \frac{\hbar}{i}\left(\frac{\partial}{\partial x}, \frac{\partial}{\partial y}, \frac{\partial}{\partial z}\right) \quad (6.32)$$

または

$$\hat{\boldsymbol{p}} = \frac{\hbar}{i}\nabla \quad (6.33)$$

として，運動エネルギーの演算子は

$$\frac{\hat{\boldsymbol{p}}^2}{2m} = -\frac{\hbar^2}{2m}\nabla^2 = -\frac{\hbar^2}{2m}\triangle = -\frac{\hbar^2}{2m}\left(\frac{\partial^2}{\partial x^2} + \frac{\partial^2}{\partial y^2} + \frac{\partial^2}{\partial z^2}\right) \quad (6.34)$$

と書ける．ここで，

$$\nabla \equiv \left(\frac{\partial}{\partial x}, \frac{\partial}{\partial y}, \frac{\partial}{\partial z}\right), \quad (6.35)$$

$$\triangle \equiv \mathrm{div}\,\mathrm{grad} \equiv \nabla \cdot \nabla \equiv \left(\frac{\partial^2}{\partial x^2} + \frac{\partial^2}{\partial y^2} + \frac{\partial^2}{\partial z^2}\right) \quad (6.36)$$

である[*6]．これらを用いると，3次元の場合のハミルトニアンは

$$\hat{H} = \frac{\hat{\boldsymbol{p}}^2}{2m} + V(\boldsymbol{r}) = -\frac{\hbar^2}{2m}\nabla^2 + V(\boldsymbol{r}) \quad (6.37)$$

となり，$\Psi(\boldsymbol{r},t)$ に関するシュレーディンガーの波動方程式は

$$\left(-\frac{\hbar^2}{2m}\nabla^2 + V(\boldsymbol{r})\right)\Psi(\boldsymbol{r},t) = i\hbar \frac{\partial \Psi(\boldsymbol{r},t)}{\partial t} \quad (6.38)$$

と書ける．

---

[*6] $\nabla$ は勾配（ナブラ：nabla），$\triangle$ はラプラス演算子 (ラプラシアン：Laplacian)．

## 6.5 定常状態のシュレーディンガー方程式

シュレーディンガーの波動方程式 (6.38) において,ポテンシャル $V(\boldsymbol{r})$ は時間を陽に含まないものとすると,左辺は位置だけの演算子,右辺は時間だけの演算子となる.波動関数 $\Psi$ を位置に関する部分と時間に関する部分に分け,

$$\Psi(\boldsymbol{r},t) = \psi(\boldsymbol{r})\,e^{-i\omega t} \tag{6.39}$$

とおいてみよう.(6.39) 式を (6.38) 式に代入すれば,

$$\left(-\frac{\hbar^2}{2m}\nabla^2 + V(\boldsymbol{r})\right)\psi(\boldsymbol{r})\,e^{-i\omega t} = \hbar\omega\,\psi(\boldsymbol{r})\,e^{-i\omega t} \tag{6.40}$$

となるから,時間に依存する部分を消去した方程式

$$\left(-\frac{\hbar^2}{2m}\nabla^2 + V(\boldsymbol{r})\right)\psi(\boldsymbol{r}) = E\psi(\boldsymbol{r}) \tag{6.41}$$

が得られる.ここで,

$$E = \hbar\omega \tag{6.42}$$

とおいた.

(6.41) 式は,波動関数 (6.39) 式の時間に依存しない部分 $\psi(\boldsymbol{r})$ に関する方程式であり,時間を含まないシュレーディンガー方程式または定常状態 (stationary state) のシュレーディンガー方程式と呼ばれる.また,$\psi(\boldsymbol{r})$ を時間を含まない波動関数,(6.39) 式または後述の (6.45) 式を定常状態の波動関数と呼ぶ.

(6.41) 式はまた,ハミルトニアンを用いて

$$\hat{H}\psi(\boldsymbol{r}) = E\psi(\boldsymbol{r}) \tag{6.43}$$

と書くこともできる.このように,ある関数 $f$ に演算子 $\hat{A}$ を作用させた結果が,

$$\hat{A}f = \lambda f \tag{6.44}$$

すなわち $f$ の $\lambda$（定数）倍となるような関数 $f$ を $\hat{A}$ の固有関数 (eigenfunction),$\lambda$ をその固有値 (eigenvalue) という.定常状態のシュレーディンガー方

程式 (6.43) は，ハミルトニアン $\hat{H}$ の固有関数 $\psi(\boldsymbol{r})$ および固有値 $E$ を求める方程式であるということができる．ハミルトニアンは，粒子の全エネルギーを表す演算子であったから，その固有値 $E$ はエネルギーの次元をもち[*7]，固有関数 $\psi(\boldsymbol{r})$ で表される粒子の状態の全エネルギーを表す．

ハミルトニアン $\hat{H}$ の固有関数 $\psi(\boldsymbol{r})$ および固有値 $E$ が求まれば，シュレーディンガーの波動方程式 (6.38) の定常状態の解は，$\psi(\boldsymbol{r}), E$ を用いて

$$\Psi(\boldsymbol{r},t) = \psi(\boldsymbol{r})e^{-(i/\hbar)Et} \tag{6.45}$$

として求めることができる．(6.45) 式は $\psi(\boldsymbol{r})$ と位相因子 $e^{-(i/\hbar)Et}$ が異なるだけである．したがって当面の問題[*8]は，定常状態のシュレーディンガー方程式 (6.41) を解いて，その固有関数 $\psi(\boldsymbol{r})$ と固有値 $E$ を求めることに帰着する．

### 6.6 粒子の存在確率

前節で導入したシュレーディンガー方程式は，波動関数 $\Psi(\boldsymbol{r},t)$ または $\psi(\boldsymbol{r})$ についての方程式であった．それでは，これらの波動関数は，どのような物理量に関係し，どのような性質をもつのであろうか．量子力学の誕生以来，波動関数の本質については様々な解釈があるが，最も一般に受け入れられている解釈は，波動関数の振幅（絶対値）の **2** 乗が粒子の存在確率密度を表すというものである．この考えに基づけば，例えば 1 次元運動をしているある粒子の状態が波動関数 $\Psi(x,t)$ で表されるとき，時刻 $t$ において $x$ の近傍の微小区間 $dx$ に粒子が存在する確率 (probability) $P(x,t)$ は

$$P(x,t) = |\Psi(x,t)|^2 dx = \Psi^*(x,t)\Psi(x,t)dx \tag{6.46}$$

で与えられる．すなわち，粒子をある位置 $x$ の近傍にみいだす確率は，その点での波動関数の振幅の 2 乗に比例する．3 次元の場合には，$\boldsymbol{r}$ の近傍の微小体積 $d\boldsymbol{r}$ に粒子が存在する確率 $P(\boldsymbol{r},t)$ は

$$P(\boldsymbol{r},t) = |\Psi(\boldsymbol{r},t)|^2 d\boldsymbol{r} \tag{6.47}$$

---

[*7] 7.2 節で述べるように，$E$ は実数となることを証明することができる．
[*8] 我々はいま，ポテンシャルしたがってハミルトニアンが時間に陽に依存しない場合を扱っている．

となる．この確率解釈に基づくなら，全空間における粒子の存在確率は 1 であるから，波動関数を全空間にわたって積分した値は 1 でなければならない．すなわち，1 次元では

$$\int_{-\infty}^{\infty} |\Psi(x,t)|^2 dx = 1, \tag{6.48}$$

3 次元では

$$\int_{\text{全空間}} |\Psi(\boldsymbol{r},t)|^2 d\boldsymbol{r} = 1 \tag{6.49}$$

を満たす．定常状態の波動関数 (6.39) の場合には，$|e^{-i\omega t}|^2 = 1$ であるから，

$$\int_{-\infty}^{\infty} |\psi(x)|^2 dx = 1 \tag{6.50}$$

あるいは

$$\int |\psi(\boldsymbol{r})|^2 d\boldsymbol{r} = 1 \tag{6.51}$$

を満たす[*9]．

## 6.7 波動関数の満たすべき性質

前述したように，波動関数の振幅の 2 乗が粒子の存在確率密度を表すならば，それらは (6.48)～(6.51) の条件を満たすべきである．これらを**規格化条件** (normalization condition) という．いま，シュレーディンガー方程式 (6.41) の解の一つを $\psi(\boldsymbol{r})$ とし，

$$\int |\psi(\boldsymbol{r})|^2 d\boldsymbol{r} = A \tag{6.52}$$

であったとすると，$|C| = A^{-1/2}$ を満たす任意の複素数 $C$ を選んで[*10]

$$\int |C\psi(\boldsymbol{r})|^2 d\boldsymbol{r} = 1 \tag{6.53}$$

---

[*9] 以下では，特に断らない限り，積分 $\int d\boldsymbol{r}$ は全空間での積分を表すものとする．
[*10] $\theta$ を任意の実数として $|Ce^{i\theta}| = |C|$ が成り立つから，$C$ には位相 $\theta$ について任意性がある．

となるから，$\psi_0(\boldsymbol{r}) = C\psi(\boldsymbol{r})$ は (6.51) 式を満たすシュレーディンガー方程式の解となる．(6.52) 式の積分が発散せずにある値をもつ場合，$\psi(\boldsymbol{r})$ は 2 乗積分可能であるといい，(6.53) 式のようにその積分値を 1 にすることを**規格化** (normalization) [*11]，そのための定数 $C$ を**規格化定数** (normalization constant) という．ある関数が 2 乗積分可能であれば，その関数は規格化定数を乗じて規格化できるから，波動関数の満たすべき条件の一つは，**2 乗積分可能**なことである．関数 $\psi(x)$ または $\psi(\boldsymbol{r})$ が 2 乗積分可能であるためには，$|x| \to \infty$ または $|r| \to \infty$ で $\psi$ が速やかに 0 に収束することが必要である[*12]．

次に，波動関数はシュレーディンガー方程式の解であるから，シュレーディンガー方程式に含まれる微分演算が意味をもつような関数である必要がある．シュレーディンガー方程式は，時間に関する微分と位置に関する 2 階微分を含むから，波動関数はこれらの微分演算が可能な関数でなければならない．定常状態の波動関数 (6.39) 式では，時間に関する微分可能性は満足されているから，時間を含まない波動関数 $\psi(\boldsymbol{r})$ が**連続かつ滑らか**でなければならない．すなわち，波動関数とその導関数が連続であること，

$$\psi(\boldsymbol{r}) : 連続 \tag{6.54}$$

かつ

$$\frac{\partial \psi(\boldsymbol{r})}{\partial x}, \frac{\partial \psi(\boldsymbol{r})}{\partial y}, \frac{\partial \psi(\boldsymbol{r})}{\partial z} : 連続 \tag{6.55}$$

が要求される（問題 9.1 参照）．

## 演 習 問 題

**6.1** (6.27) 式が $\partial^2 u/\partial x^2 = \partial u/\partial t = 0$ 以外の実解をもたないことを示せ．

**6.2** （時間反転の対称性）
(6.10) 式において，$u(x,t)$ が解であれば $u(x,-t)$ もまた解となることを示せ．同様なことを (6.27) 式においても考察し，時間を反転したときの解を求めよ．

**6.3** 自由空間を運動する粒子の物質波について，振動数 $\omega$ を波数 $k$ の関数として表せ．振動数と波数の関係式を分散関係 (dispersion relation) という．また，この物質波の位相速度と群速度を求めよ．

---

[*11] 正規化ともいう．
[*12] 平面波の規格化については後述．

**6.4** $V(\boldsymbol{r}) = 0$ のとき,平面波

$$\Psi(\boldsymbol{r},t) = Ae^{i(\boldsymbol{k}\cdot\boldsymbol{r}-\omega t)}$$

がシュレーディンガーの波動方程式 (6.38) の解となっていることを示せ.

**6.5** 定常状態のシュレーディンガー方程式 (6.41) において,ポテンシャル $V$ は実数とする.そのとき,$\psi(\boldsymbol{r})$ が (6.41) の固有関数であれば,$\psi^*(\boldsymbol{r})$ もまた同じ固有値に属する固有関数となることを示せ.このことから,定常状態のシュレーディンガー方程式の解として実関数を選ぶことができることを示せ.

**6.6** 1 次元の波動関数

$$\Psi(x,t) = \exp\left(-\frac{(x-x_0)^2}{2\sigma^2} - i\omega t\right) \tag{6.56}$$

を規格化し,その確率密度を図示せよ.

# 7 物理量と演算子

## 7.1 物理量の期待値

波動関数の振幅の 2 乗が確率密度を表す量であるということは，我々は粒子の位置を決定論的に予言することは一般的には不可能で，粒子を観測した際にある位置 $r$ に検出する確率について述べることができるのみであることを意味している．では，このような量子力学的粒子の「位置」や「運動量」といった物理的に観測可能な量（**物理量**：physical quantity）はどのように求められるだろうか．

まず，(6.48) 式で与えられる規格化された波動関数 $\Psi(x,t)$ に従って 1 次元運動をしている粒子を観測した際の，位置 $x$ の**期待値** (expectation value) を求めることを考えよう．時刻 $t$ における $x$ の近傍の微小区間 $dx$ での粒子の存在確率 $P(x,t)$ は (6.46) 式で与えられるから，$x$ の期待値 $\langle x \rangle$ は，$x$ に $P(x,t)$ を乗じて積分し，

$$\begin{aligned}
\langle x \rangle &= \int_{-\infty}^{\infty} x P(x,t) dx \\
&= \int_{-\infty}^{\infty} x \left| \Psi(x,t) \right|^2 dx \\
&= \int_{-\infty}^{\infty} \Psi^*(x,t)\, x\, \Psi(x,t) dx
\end{aligned} \tag{7.1}$$

として求めることができる．ここで，後の準備のために，被積分関数を (7.1) 式の形においた．

次に，運動量の期待値についてはどうだろうか．(6.29) 式でみたように，量子力学では，運動量は波動関数に対する演算子として定義される．さて，演算

子を何に作用させるかが問題である．演算子は，波動関数 $\Psi$ そのものに作用させるもので，$|\Psi|^2$ に作用させるべきではない．このことは，例えば運動量 $\hbar k$ をもつ平面波 $\Psi_k(x,t) = e^{i(kx-\omega t)}$ に運動量演算子 $\hat{p}$ を作用させ，左から $\Psi_k^*$ を掛けた場合には，

$$\Psi_k^* \hat{p} \Psi_k = \Psi_k^* \left( \frac{\hbar}{i} \frac{\partial}{\partial x} \right) \Psi_k = \hbar k \tag{7.2}$$

となって，期待される値が得られるのに対し，$|\Psi_k|^2$ に $\hat{p}$ を作用させた場合には

$$\hat{p} |\Psi_k|^2 = 0 \tag{7.3}$$

となってしまうことからもわかる．したがって，$x$ 軸上で1次元運動をする粒子の運動量 $\hat{p}$ の期待値 $\langle p \rangle$ の計算式は

$$\begin{aligned}\langle p \rangle &= \int_{-\infty}^{\infty} \Psi^*(x,t) \hat{p} \Psi(x,t) dx \\ &= \frac{\hbar}{i} \int_{-\infty}^{\infty} \Psi^*(x,t) \frac{\partial}{\partial x} \Psi(x,t) dx \end{aligned} \tag{7.4}$$

とするべきである．3次元の場合も同様で，運動量 $\hat{\boldsymbol{p}}$ の期待値 $\langle \boldsymbol{p} \rangle$ は

$$\begin{aligned}\langle \boldsymbol{p} \rangle &= \int \Psi^*(\boldsymbol{r},t) \hat{\boldsymbol{p}} \Psi(\boldsymbol{r},t) d\boldsymbol{r} \\ &= \frac{\hbar}{i} \int \Psi^*(\boldsymbol{r},t) \nabla \Psi(\boldsymbol{r},t) d\boldsymbol{r} \end{aligned} \tag{7.5}$$

で与えられる．

もっと一般に，ある物理量 $A$ に対応する演算子を $\hat{A}$ とすると，その期待値 $\langle A \rangle$ は

$$\langle A \rangle = \int \Psi^*(\boldsymbol{r},t) \hat{A} \Psi(\boldsymbol{r},t) d\boldsymbol{r} \tag{7.6}$$

で与えられる．定常状態の波動関数 (6.39) に対する $\hat{A}$ の期待値は

$$\langle A \rangle = \int \psi^*(\boldsymbol{r}) \hat{A} \psi(\boldsymbol{r}) d\boldsymbol{r} \tag{7.7}$$

となる．特に，$x$ や $\hat{p}$ などのように $\hat{A}$ が時間に陽に依存しないとき，定常状態

に対する $\langle A \rangle$ は時間に依存せず一定値となる.$\psi$ がハミルトニアン $\hat{H}$ の固有関数(固有値 $E$)の場合には,

$$\langle H \rangle = \int \psi^*(\boldsymbol{r})\,\hat{H}\,\psi(\boldsymbol{r})d\boldsymbol{r} = E \int \psi^*(\boldsymbol{r})\psi(\boldsymbol{r})d\boldsymbol{r} = E \qquad (7.8)$$

となって,$\hat{H}$ の期待値は粒子の全エネルギー $E$ に等しい.

関数 $f(\boldsymbol{r})$ および $g(\boldsymbol{r})$ を考え,その内積 (inner product) $\langle f|g \rangle$ を次式で定義する.

$$\langle f|g \rangle \equiv \int f(\boldsymbol{r})^*\, g(\boldsymbol{r})\, d\boldsymbol{r}. \qquad (7.9)$$

$f(x)$, $g(x)$ が 1 次元の関数の場合には

$$\langle f|g \rangle \equiv \int_{-\infty}^{\infty} f(x)^*\, g(x)\, dx \qquad (7.10)$$

である.特に,$f = g$ の場合,

$$\langle f|f \rangle \qquad (7.11)$$

を $f$ のノルム (norm) という.

これらの記号[*1]を用いると,波動関数 $\psi$ の規格化条件 (6.50),(6.51) は

$$\langle \psi|\psi \rangle = 1 \qquad (7.12)$$

と書くことができる.また,演算子 $\hat{A}$ の期待値 (7.7) を

$$\langle A \rangle = \int \psi^*(\boldsymbol{r})\,\hat{A}\,\psi(\boldsymbol{r})d\boldsymbol{r} \equiv \langle \psi|\hat{A}|\psi \rangle \qquad (7.13)$$

と書く.(7.13) 式の表記では,演算子は常に右側の関数に作用するのがきまりである.本書では,このほかに,

$$\langle f|\hat{A}g \rangle \equiv \int f(\boldsymbol{r})^*\, \hat{A}g(\boldsymbol{r})\, d\boldsymbol{r}, \qquad (7.14)$$

$$\langle \hat{A}f|g \rangle \equiv \int (\hat{A}f(\boldsymbol{r}))^*\, g(\boldsymbol{r})\, d\boldsymbol{r} \qquad (7.15)$$

などの表記もしばしば用いる.

---

[*1] これらの表記法はディラック (P.A.M. Dirac) によるものであり,$\langle\ |$ をブラ,$|\ \rangle$ をケットと呼ぶ.一般に,この表記におけるブラやケットは,系の状態を表すベクトルであるが,ここでは波動関数の内積 (7.9) を表す記号として考える.

## 7.2 エルミート演算子とユニタリ演算子

いま，任意の波動関数 $f$ および $g$ に対して

$$\int (\hat{A}f)^* g \, d\boldsymbol{r} = \int f^*(\hat{A}^\dagger g) \, d\boldsymbol{r} \tag{7.16}$$

が成り立つとき，$\hat{A}^\dagger$ を $\hat{A}$ のエルミート共役演算子 (Hermitian conjugate operator) または随伴演算子 (adjoint operator) という．

(7.16) 式は，(7.9) 式の記号を用いて

$$\langle \hat{A}f|g\rangle = \langle f|\hat{A}^\dagger g\rangle, \tag{7.17}$$

$$\langle g|\hat{A}|f\rangle^* = \langle f|\hat{A}^\dagger|g\rangle \tag{7.18}$$

と書くこともできる．

7.1 節でみたように，波動関数 $\psi(\boldsymbol{r})$ で表される状態におけるある物理量 $A$ の期待値は，一般に

$$\langle A\rangle = \int \psi^*(\boldsymbol{r})\,\hat{A}\,\psi(\boldsymbol{r}) d\boldsymbol{r} = \langle \psi|\hat{A}|\psi\rangle \tag{7.19}$$

で与えられる．ここで，$\hat{A}$ は物理量 $A$ に対応する演算子である．いま，$A$ が物理量であるならば，その期待値は実数である．したがって，

$$\langle \psi|\hat{A}|\psi\rangle = \langle \psi|\hat{A}|\psi\rangle^* = \langle \psi|\hat{A}^\dagger|\psi\rangle \tag{7.20}$$

でなければならない．そのためには

$$\hat{A} = \hat{A}^\dagger \tag{7.21}$$

であることが必要となる．エルミート共役演算子の定義 (7.16)〜(7.18) を用いると，(7.21) 式は，任意の波動関数 $f,g$ に対して

$$\int (\hat{A}f)^* g \, d\boldsymbol{r} = \int f^*(\hat{A}g) \, d\boldsymbol{r}, \tag{7.22}$$

$$\langle \hat{A}f|g\rangle = \langle f|\hat{A}g\rangle, \tag{7.23}$$

$$\langle g|\hat{A}|f\rangle^* = \langle f|\hat{A}|g\rangle \tag{7.24}$$

が成り立つことを意味する．(7.21) 式または (7.22)～(7.24) 式を満たすような演算子 $\hat{A}$ をエルミート演算子 (Hermitian operator) または自己随伴演算子 (self-adjoint operator) という[*2]．物理量に対応する演算子はエルミート演算子であり，その期待値は実数である．

エルミート演算子と並んで重要な性質をもつ演算子として，ユニタリ演算子 (unitary operator) がある．ユニタリ演算子 $U$ とは，

$$\hat{U}^\dagger = \hat{U}^{-1} \tag{7.25}$$

あるいは

$$\hat{U}\hat{U}^\dagger = \hat{U}^\dagger \hat{U} = 1 \tag{7.26}$$

を満たす演算子である．ユニタリ演算子 $\hat{U}$ を任意の波動関数 $\psi$ に施した結果得られる波動関数を $\psi' = \hat{U}\psi$ とすると，そのノルムは

$$\langle \psi'|\psi' \rangle = \langle \hat{U}\psi|\hat{U}\psi \rangle = \langle \psi|\hat{U}^\dagger \hat{U}|\psi \rangle = \langle \psi|\hat{U}^{-1}\hat{U}|\psi \rangle = \langle \psi|\psi \rangle \tag{7.27}$$

となって，ユニタリ演算子の作用によって，波動関数のノルムは変化しないことがわかる．このような性質をもつユニタリ演算子は，様々な物理的相互作用による波動関数の変化を表す演算子として現れる．簡単な例では，時間に依存するシュレーディンガー方程式の解

$$\Psi(\boldsymbol{r}, t) = e^{-(i/\hbar)Et} \psi(\boldsymbol{r}) \tag{7.28}$$

において，時間に依存する係数 $e^{-(i/\hbar)Et}$ を，時間に依存しない波動関数 $\psi$ に作用してその時間変化を表す演算子とみなせば，

$$e^{-(i/\hbar)Et}(e^{-(i/\hbar)Et})^\dagger = e^{-(i/\hbar)Et} e^{(i/\hbar)Et} = 1 \tag{7.29}$$

となるのでユニタリ演算子である．また，$\hat{A}$ をエルミート演算子としたとき

$$e^{i\hat{A}} \tag{7.30}$$

はユニタリ演算子となる．

---

[*2] 正確には，(7.21) 式を満たす演算子が自己随伴演算子，(7.22) 式を満たす演算子がエルミート演算子であるが，量子力学では両者が同一視される場合が多い．

## 7.3 物理量の不確定さ

次に，波動関数 $\psi$ で表される状態における物理量の測定値とその不確定さについて考えよう．物理量 $A$ を繰り返し測定した結果の期待値は $\langle A \rangle$ に等しく，その分散は

$$(\Delta A)^2 = \langle (A - \langle A \rangle)^2 \rangle = \langle A^2 \rangle - \langle A \rangle^2 \qquad (7.31)$$

で与えられる．以後，$(\Delta A)^2$ の平方根すなわち標準偏差

$$\Delta A \equiv \sqrt{(\Delta A)^2} \qquad (7.32)$$

を，$A$ の**不確定さ** (uncertainty) と呼ぶことにする．いま，$A$ の測定の結果が正確にある値 $\lambda_A$ となり，不確定さがない状態，すなわち

$$\langle A \rangle = \lambda_A, \qquad (7.33)$$
$$\Delta A = 0 \qquad (7.34)$$

となる状態を考えよう．すると (7.31) 式より，

$$(\Delta A)^2 = \langle \psi | (\hat{A} - \lambda_A)^2 | \psi \rangle = \langle (\hat{A} - \lambda_A)\psi | (\hat{A} - \lambda_A)\psi \rangle = 0 \qquad (7.35)$$

を得る．ここで $\hat{A}$ がエルミート演算子であることを用いた．したがって，

$$(\hat{A} - \lambda_A)\,\psi = 0, \qquad (7.36)$$
$$\therefore \quad \hat{A}\psi = \lambda_A \psi \qquad (7.37)$$

を得る．(7.37) 式は，$\psi$ が $\hat{A}$ の固有関数で，$\lambda_A$ がその固有値であることを示している．したがって，ある物理量 $A$ の測定の結果が不確定さなく定まるためには，系の状態を表す波動関数が $\hat{A}$ の固有関数となることが必要十分である．このような状態を $A$ の**固有状態** (eigenstate) という．

6.5 節で述べたように，ハミルトニアン $\hat{H}$ に対する固有値方程式が定常状態のシュレーディンガー方程式であり，その解がエネルギー固有状態を与える．

## 7.4 ハイゼンベルグの不確定性関係

次に，二つの異なった物理量 $A$, $B$ に対する演算子を $\hat{A}$, $\hat{B}$ としよう．上の議論から，$A$ および $B$ の測定値がともに不確定さがなく定まるためには，系が $\hat{A}$ および $\hat{B}$ についての共通の固有状態となることが必要である．すなわち，

$$\hat{A}\psi = \lambda_A \psi, \tag{7.38}$$

$$\hat{B}\psi = \lambda_B \psi. \tag{7.39}$$

(7.39) 式に左から $\hat{A}$ を作用させ，(7.38) 式に $\hat{B}$ を作用させたものとの差をとると

$$(\hat{A}\hat{B} - \hat{B}\hat{A})\psi = (\lambda_A \lambda_B - \lambda_B \lambda_A)\psi = 0 \tag{7.40}$$

を得る．いま，$\hat{A}\hat{B} = \hat{B}\hat{A}$ であれば，(7.40) は常に成立する．このとき，$\hat{A}$ と $\hat{B}$ は交換可能または可換 (commutable) であるという．また，演算子 $\hat{A}\hat{B} - \hat{B}\hat{A}$ を $\hat{A}$ と $\hat{B}$ の交換子 (commutator) または交換関係 (commutation relation) と呼び，

$$\hat{A}\hat{B} - \hat{B}\hat{A} \equiv [\hat{A}, \hat{B}] \tag{7.41}$$

と書く．$\hat{A}$ と $\hat{B}$ が交換可能なとき，すなわち $[\hat{A}, \hat{B}] = 0$ の場合には，$\hat{A}$ と $\hat{B}$ に共通の固有関数の完全系（7.6 節参照）が存在し，$A$ および $B$ の測定値を同時に正確に（不確定さがなく）定めることができる．

それでは，物理量 $A$ および $B$ が可換でないときにはそれらの測定値の不確定性はどうなるであろうか．いま，

$$[\hat{A}, \hat{B}] = i\hat{C} \tag{7.42}$$

とする（$\hat{C}$ はエルミート演算子となることに注意）．$\hat{A}' = \hat{A} - \langle A \rangle$ とおくと，

$$(\Delta A)^2 = \langle \psi | (\hat{A}')^2 | \psi \rangle$$
$$= \langle \hat{A}'\psi | \hat{A}'\psi \rangle \tag{7.43}$$

## 7.4 ハイゼンベルグの不確定性関係

同様に $\hat{B}' = \hat{B} - \langle B \rangle$ とおき,

$$(\Delta B)^2 = \langle \hat{B}'\psi | \hat{B}'\psi \rangle \tag{7.44}$$

を得る. ノルムに関するシュワルツの不等式より,

$$\begin{aligned}(\Delta A)^2(\Delta B)^2 &= \langle \hat{A}'\psi | \hat{A}'\psi \rangle \langle \hat{B}'\psi | \hat{B}'\psi \rangle \\ &\geq |\langle \hat{A}'\psi | \hat{B}'\psi \rangle|^2 \\ &= |\langle \psi | \hat{A}'\hat{B}' | \psi \rangle|^2 \\ &= |\langle \hat{A}'\hat{B}' \rangle|^2\end{aligned} \tag{7.45}$$

が成り立つ. ここで,

$$\begin{aligned}\hat{A}'\hat{B}' &= \frac{1}{2}\left(\hat{A}'\hat{B}' + \hat{B}'\hat{A}'\right) + \frac{1}{2}\left(\hat{A}'\hat{B}' - \hat{B}'\hat{A}'\right) \\ &= \frac{1}{2}\left(\hat{A}'\hat{B}' + \hat{B}'\hat{A}'\right) + \frac{1}{2}[\hat{A}, \hat{B}] \\ &= \frac{1}{2}\left(\hat{A}'\hat{B}' + \hat{B}'\hat{A}'\right) + \frac{i}{2}C\end{aligned} \tag{7.46}$$

であり, $\hat{A}'\hat{B}' + \hat{B}'\hat{A}'$ および $C$ はエルミート演算子であるから,

$$\begin{aligned}(\Delta A)^2(\Delta B)^2 &\geq \frac{1}{4}\langle \hat{A}'\hat{B}' + \hat{B}'\hat{A}' \rangle^2 + \frac{1}{4}\langle C \rangle^2 \\ &\geq \frac{1}{4}\langle C \rangle^2\end{aligned} \tag{7.47}$$

したがって

$$\Delta A \Delta B \geq \frac{1}{2}|\langle C \rangle| \tag{7.48}$$

が成立する. (7.48) 式は, 可換でない物理量の不確定さの積は, その交換関係によって定まる一定の大きさより小さくなることはできず, 両方の測定値が同時に確定するような状態はないことを示している. これを, **ハイゼンベルグの不確定性関係** (Heisenberg's uncertainty relation) という[*3].

---

[*3] 2002 年, 東北大学大学院情報科学研究科の小澤によって, 従来知られているハイゼンベルグの不確定性関係 (7.48) を特殊な場合として含むような, より一般的な法則が発見された.

例として1次元運動をする粒子の位置 $x$ と運動量 $\hat{p}$ の間の不確定性関係を調べよう.

$$[x,\hat{p}] = \frac{\hbar}{i}\left(x\frac{d}{dx} - \frac{d}{dx}x\right) = i\hbar \tag{7.49}$$

であるから,

$$\Delta x \Delta p \geq \frac{\hbar}{2} \tag{7.50}$$

が成立する. すなわち, 位置と運動量とは, それらの測定値が同時に確定するような状態をもつことができない.

不確定性関係 (7.48) の等号が成立する場合, すなわち系の状態が二つの物理量に関する最小不確定性関係を満足するのはどのような場合であろうか. まず, シュワルツの不等式 (7.45) において等号が成り立つために,

$$\hat{A}'\psi = c\hat{B}'\psi \tag{7.51}$$

が必要である. ここで $c$ は定数である. 一方, (7.47) 式で等号が成り立つためには,

$$\langle \hat{A}'\hat{B}' + \hat{B}'\hat{A}' \rangle = 0 \tag{7.52}$$

が要求される. (7.51) と (7.52) 式より,

$$(c^* + c)\langle \hat{B}'^2 \rangle = 0, \tag{7.53}$$

$$\therefore \quad c^* + c = 0 \tag{7.54}$$

したがって $c$ は純虚数となる. いま, $\hat{A}' = x - \langle x \rangle$, $\hat{B}' = \hat{p} - \langle p \rangle$ とすると, (7.51) 式から方程式

$$(x - \langle x \rangle)\psi = c(\hat{p} - \langle p \rangle)\psi \tag{7.55}$$

$$\rightarrow \quad \frac{d}{dx}\psi = \left(\frac{i}{c\hbar}(x - \langle x \rangle) + \frac{i}{\hbar}\langle p \rangle\right)\psi \tag{7.56}$$

を得る. 方程式 (7.56) の解は

$$\psi = Ce^{(i/2c\hbar)(x-\langle x \rangle)^2 + (i/\hbar)\langle p \rangle x} \tag{7.57}$$

となる（$C$ は規格化定数）が，$x \to \pm\infty$ で $\psi(x) \to 0$ となるために，$c$ は負の虚数である．そこで，$\gamma$ を正の実数として $c = -i\gamma$ とおくと，

$$\psi = Ce^{-(1/2\gamma\hbar)(x-\langle x \rangle)^2 + (i/\hbar)\langle p \rangle x}, \tag{7.58}$$

$$|\psi|^2 = |C|^2 e^{-(1/\gamma\hbar)(x-\langle x \rangle)^2} \tag{7.59}$$

を得る．この波動関数はガウス関数 (Gaussian function) 型の波束をもち，最小不確定性関係

$$\Delta x \Delta p = \frac{\hbar}{2} \tag{7.60}$$

を満たすことがわかる．このような，位置と運動量に関する最小不確定性関係を満足するガウス関数型の波束で表される状態として，10 章で述べる調和振動子の基底状態などが挙げられる．

## 7.5 固有関数の直交性

7.2 節でみたように，量子力学では，ある物理量 $A$ は波動関数に作用するエルミート演算子 $\hat{A}$ として表される．いま，$\hat{A}$ に対する固有値方程式

$$\hat{A}\psi = \lambda\psi \tag{7.61}$$

を考えよう．ここで，$\lambda$ は $\hat{A}$ の固有値，$\psi$ は固有関数である．$\lambda$ がなす集合を $\hat{A}$ のスペクトル (spectrum) という．一般に，固有値のスペクトルは離散的なスペクトルをもつ場合と連続なスペクトルをもつ場合，あるいはその両者を合わせもつ場合がある．ここではしばらく，固有値のスペクトルが離散的な場合を考え，その固有値を $\lambda_n$，それに対する固有関数を $\psi_n$ としよう．すなわち，

$$\hat{A}\psi_n = \lambda_n \psi_n \tag{7.62}$$

ここで，$\hat{A}$ はエルミート演算子であるから，$\lambda_n$ は実数である（問題 7.4）．次の重要な定理を示そう．

**定　理**：異なる固有値に属する固有関数は直交する．

**証　明**：二つの異なる固有値 $\lambda_1 \neq \lambda_2$ と，それらに対する固有関数 $\psi_1, \psi_2$ を考える．

$$\hat{A}\psi_1 = \lambda_1 \psi_1, \tag{7.63}$$

$$\hat{A}\psi_2 = \lambda_2 \psi_2 \tag{7.64}$$

この (7.63) 式と $\psi_2$，(7.64) 式と $\psi_1$ との内積をとり

$$\langle \psi_2|\hat{A}|\psi_1\rangle = \lambda_1 \langle \psi_2|\psi_1\rangle, \tag{7.65}$$

$$\langle \psi_1|\hat{A}|\psi_2\rangle = \lambda_2 \langle \psi_1|\psi_2\rangle. \tag{7.66}$$

$\hat{A}$ はエルミート演算子であり，$\lambda_1, \lambda_2$ は実数である．第 2 式の複素共役をとると

$$\langle A\psi_2|\psi_1\rangle = \lambda_2 \langle \psi_2|\psi_1\rangle, \tag{7.67}$$

$$\therefore \quad \langle \psi_2|\hat{A}|\psi_1\rangle = \lambda_2 \langle \psi_2|\psi_1\rangle \tag{7.68}$$

(7.65) と (7.68) 式との差をとれば

$$(\lambda_1 - \lambda_2)\langle \psi_2|\psi_1\rangle = 0. \tag{7.69}$$

したがって，$\lambda_1 \neq \lambda_2$ なら

$$\langle \psi_2|\psi_1\rangle = 0. \tag{7.70}$$

したがって $\psi_1$ と $\psi_2$ とは直交する．（証明終）

**系**：異なる固有値に属する固有関数は線形独立である．

**証　明**：

$$a\psi_2 = \psi_1 \tag{7.71}$$

となる定数 $a \neq 0$ が存在したとすると，

$$a\langle \psi_2|\psi_2\rangle = \langle \psi_2|\psi_1\rangle = 0 \tag{7.72}$$

したがって $a = 0$ となり，矛盾する．（証明終）

また，二つ以上の線形独立な関数が同じ固有値に属するとき，それらの線形結合も同じ固有値に属する固有関数となる．このとき，この固有値に属する固有関数に**縮退** (degeneracy) があるまたは縮退している (degenerate) といい，同じ固有値に属する線形独立な固有関数の数を**縮退度** (degree of degeneracy) という．

いま，物理量 $\hat{A}$ のすべての固有値に属する固有関数（縮退がある場合にはそれらの線形独立な固有関数をすべて含む）を

$$\psi_n \quad (n = 1, 2, 3, \ldots) \tag{7.73}$$

とする．各々は規格化されているものとすると，上に述べた固有関数の直交性より，

$$\langle \psi_m | \psi_n \rangle = \delta_{mn} \tag{7.74}$$

を得る．これを固有関数の**規格直交性** (orthonormality) といい，$\psi_n$ は**規格直交化**[*4)] されているという．

## 7.6 固有関数の完全性

ある物理量 $\hat{A}$ の規格直交化された固有関数の組を $\psi_n$ とする．いま，2乗積分可能な任意の波動関数 $f$ が $\psi_n$ の線形結合で展開可能，すなわち

$$f = \sum_n c_n \psi_n \tag{7.75}$$

と書けるとき，$\psi_n$ は**完全** (complete) であるという．また，$\psi_n$ を展開の**基底** (basis) という．このとき，

$$\langle \psi_m | f \rangle = \sum_n c_n \langle \psi_m | \psi_n \rangle = \sum_n c_n \delta_{mn} = c_m \tag{7.76}$$

である．すなわち，(7.75) 式の展開係数は $\psi_n$ と $f$ の内積

$$c_n = \langle \psi_n | f \rangle \tag{7.77}$$

---

[*4)] 各々，正規直交性，正規直交化ともいう．

として求められる．また，
$$\langle f|f\rangle = \sum_{m,n} c_m^* c_n \langle \psi_m|\psi_n\rangle = \sum_{m,n} c_m^* c_n \delta_{mn} = \sum_n |c_n|^2. \quad (7.78)$$
特に，$f$ が規格化されている場合には
$$\sum_n |c_n|^2 = 1 \quad (7.79)$$
が成り立つ．(7.79) 式をパーセバルの関係式 (Parseval's relation) といい，完全性 (7.75) の別の表現である．さらに，
$$\sum_n |c_n|^2 = \sum_n |\langle \psi_n|f\rangle|^2 = \sum_n \langle f|\psi_n\rangle\langle \psi_n|f\rangle = 1 \quad (7.80)$$
が任意の $f$ について成り立つから，
$$\sum_n |\psi_n\rangle\langle \psi_n| = \sum_n \hat{p}_n = 1 \quad (7.81)$$
も成立する．ここで，
$$\hat{p}_n \equiv |\psi_n\rangle\langle \psi_n| \quad (7.82)$$
は任意の関数に作用させて $\psi_n$ の成分のみを抜き出す演算子とみなすことができ，**射影演算子** (projection operator) あるいは**射影子** (projector) と呼ばれる．(7.81) 式も，完全性のもう一つの表現である．このような固有関数の完全性は，ハミルトニアンのみならず，あらゆる物理量に一般的な性質であると考えてよい．完全な固有関数の組すなわち完全系をもつ物理量を**オブザーバブル** (observable) ともいう．

パーセバルの関係式 (7.79) から，展開係数の絶対値の 2 乗 $|c_n|^2$ は，系を固有状態 $\psi_n$ にみいだす確率を与えるものと解釈することができる．実際，(7.75) 式を用いて，$\hat{A}$ の期待値は
$$\langle A\rangle = \langle f|\hat{A}|f\rangle = \sum_n |c_n|^2 \lambda_n \quad (7.83)$$
で与えられ，その分散（不確定さ）は

$$(\Delta A)^2 = \langle A^2 \rangle - \langle A \rangle^2 = \sum_n |c_n|^2 \lambda_n^2 - \left(\sum_n |c_n|^2 \lambda_n\right)^2 \quad (7.84)$$

となって，$A$ の観測される値が各々の $\lambda_n$ に確率 $|c_n|^2$ で分布したと考えたときの期待値と分散に等しくなる．さらに，$\hat{A}$ の任意の関数 $F(\hat{A})$ の期待値が

$$\langle f|F(\hat{A})|f\rangle = \sum_n |c_n|^2 F(\lambda_n) \quad (7.85)$$

となることも示される．これらの結果はいずれも，任意の波動関数 $f$ で表される状態において，$A$ の観測によって得られる値は $\hat{A}$ の固有値 $\lambda_n$ のいずれかであり，各々の固有値が観測される確率が

$$|c_n|^2 = |\langle \psi_n|f\rangle|^2 \quad (7.86)$$

であると考えると理解できる．このような解釈は，例えば原子の離散的スペクトルなど，様々な実験において確かめられている．

## 演 習 問 題

**7.1** 問題 6.6 の波動関数で表される質量 $m$ の粒子の位置 $x$，運動量 $p$，および運動エネルギー $K$ の期待値を求めよ．

**7.2** 1次元ポテンシャル $V(x)$ の中を運動する粒子の波動関数を $\psi(x)$ とする．ポテンシャル $V(x)$ には最小値が存在し，それを $V_0$ とする．このとき，粒子の全エネルギー $E = \langle H \rangle$ が

$$E \geq V_0$$

であることを示せ．

**7.3** シュレーディンガーの波動方程式 (6.28) に従う波動関数のノルムは時間によらず一定であることを示せ．よって，波動関数がある時間 $t_0$ において規格化されていれば，他の時間でも規格化されている（$|x| \to \infty$ で $\psi \to 0$ および $\partial \psi/\partial x \to 0$ と仮定してよい）．

**7.4** エルミート演算子の固有値が実数となることを示せ．

**7.5** 次を示せ．
1) エルミートでない演算子 $\hat{A}$ に対し，$\hat{A} + \hat{A}^\dagger$ および $i(\hat{A} - \hat{A}^\dagger)$ がエルミート演算子になる．
2) 任意の演算子 $\hat{A}$ と $\hat{B}$ に対し，それらの積のエルミート共役演算子は

$$(\hat{A}\hat{B})^\dagger = \hat{B}^\dagger \hat{A}^\dagger$$

となる．演算子の順序が入れ換わっていることに注意せよ．

**7.6** 1次元ポテンシャル $V(x)$ の下で運動する粒子に関して，位置 $x$, 運動量 $\hat{p}$, および運動エネルギー $\hat{p}^2/2m$ がエルミート演算子であることを示せ.

**7.7** (7.30) 式がユニタリ演算子となることを示せ．指数関数の肩に現れる演算子が交換可能な場合，指数関数の積などの計算は通常の数の場合と同様に扱ってよい．

**7.8** 1次元運動をしている粒子の運動量 $\hat{p}$ に関する固有関数とその固有値を求めよ．

**7.9** 1次元運動をしている粒子の運動エネルギーに関する固有関数とその固有値を求めよ．

**7.10** 交換子の代数：交換子に関する次の関係を示せ．

1) $[\hat{A}, \hat{B}] = -[\hat{B}, \hat{A}]$
2) $[\hat{A}, \hat{B} + \hat{C}] = [\hat{A}, \hat{B}] + [\hat{A}, \hat{C}]$
3) $[\hat{A} + \hat{B}, \hat{C}] = [\hat{A}, \hat{C}] + [\hat{B}, \hat{C}]$
4) $[\hat{A}, \hat{B}\hat{C}] = [\hat{A}, \hat{B}]\hat{C} + \hat{B}[\hat{A}, \hat{C}]$
5) $[\hat{A}\hat{B}, \hat{C}] = \hat{A}[\hat{B}, \hat{C}] + [\hat{A}, \hat{C}]\hat{B}$
6) $[\hat{A}, [\hat{B}, \hat{C}]] + [\hat{B}, [\hat{C}, \hat{A}]] + [\hat{C}, [\hat{A}, \hat{B}]] = 0$

**7.11** $\hat{A}$ および $\hat{B}$ がエルミート演算子であるとき，$\hat{A}\hat{B} + \hat{B}\hat{A}$ および $i[\hat{A}, \hat{B}]$ がエルミート演算子であることを示せ．

**7.12** 波動関数 (7.58) に対する位置および運動量の不確定性 $\Delta x$ と $\Delta p$ を求め，それらが最小不確定性関係 (7.60) を満たしていることを確かめよ．

**7.13** 1次元の定常状態のシュレーディンガー方程式の解のうち，束縛状態 ($x \to \pm\infty$ で 0 となる関数) は縮退していないことを示せ．

**7.14** (7.84) 式を示せ．

**7.15** $F(\hat{A})$ を級数展開することにより，(7.85) 式を示せ．

# 8 自由粒子の波動関数

## 8.1 1次元自由粒子

1次元運動をしている質量 $m$ の粒子に関する定常状態のシュレーディンガー方程式

$$\left(-\frac{\hbar^2}{2m}\frac{d^2}{dx^2}+V(x)\right)\psi(x)=E\psi(x) \tag{8.1}$$

において，ポテンシャルが一定のとき，すなわち

$$V(x)=V_0 \tag{8.2}$$

とおけるときは，粒子がポテンシャルから受ける力 $F$ は

$$F=-\frac{dV}{dx}=0 \tag{8.3}$$

であり，粒子は自由運動をする．このとき，粒子のエネルギー固有値 $E$ は，問題 7.2 で求めたように，

$$E \geq V_0 \tag{8.4}$$

でなければならない．あるエネルギー固有値 $E > V_0$ に属する粒子の定常状態の波動関数の一般解は，平面波の線形結合

$$\psi(x)=Ae^{ikx}+Be^{-ikx} \tag{8.5}$$

となる[*1]．ここで，$A, B$ は任意の定数である．平面波の波数 $k$ は，粒子のエネルギー $E$ と

---

[*1] $E=V_0$ のときの一般解は，$\psi(x)=A+Bx$ となるが，$\psi(x)=Bx$ 型の解は $x\to\infty$ および $-\infty$ で発散するので，$\psi(x)=A$ のみが物理的な解を表す．この解は，$k=0$ の平面波に対応する．

$$k = \frac{\sqrt{2m(E-V_0)}}{\hbar} \tag{8.6}$$

の関係をもつ．(8.4) 式から，$k$ は実数である．

逆に，$E > V_0$ を満たす任意のエネルギー $E$ に対して，(8.5) 式の形の波動関数が存在する．すなわち，1 次元自由粒子のエネルギー固有値 $E$ のスペクトルは $E > V_0$ で連続であって，二重に縮退しており，その基底は平面波 $e^{ikx}$ および $e^{-ikx}$ である．なお，(8.5) 式のかわりに，実関数を基底にして

$$\psi(x) = A' \cos kx + B' \sin kx \tag{8.7}$$

とすることもできる（$A'$, $B'$ は定数）．

6.7 節で述べたように，物理的に意味のある波動関数は規格化可能，すなわち 2 乗積分可能でなければならない．しかし，自由粒子の波動関数，すなわち平面波は，2 乗積分可能な関数ではない．なぜなら，

$$\int_{-\infty}^{\infty} |e^{ikx}|^2 dx = \int_{-\infty}^{\infty} dx \to \infty \tag{8.8}$$

となってしまうからである．次節以下では，このような平面波を規格化するための取り扱いについて調べよう．

## 8.2 デルタ関数

デルタ関数 $\delta(x - x_0)$ を次式で定義する．

$$\int_{-\infty}^{\infty} f(x) \delta(x - x_0) dx = f(x_0). \tag{8.9}$$

このように，デルタ関数は通常の意味での関数ではない[*2)]．しかし，その物理的な性質は次のようなものである．

$$\delta(x - x_0) = \delta(x_0 - x) = 0 \quad (x \neq x_0), \tag{8.10}$$

$$\int_{-\infty}^{\infty} \delta(x - x_0) dx = 1. \tag{8.11}$$

---

[*2)] 数学的には超関数あるいは汎関数と呼ばれる．

すなわち，$x = x_0$ のごく近傍でのみ 0 でない非常に鋭いピークをもち，その積分値が 1 となるような偶関数である．デルタ関数は，クロネッカーのデルタ $\delta_{mn}$ の連続変数への拡張と考えることができる．このような関数は，例えば，問題 8.1 にあるような関数の極限で表すことができる．

デルタ関数のさらに便利で重要な表現は，定義 (8.9) を関数 $f$ のフーリエ積分表示

$$f(x_0) = \frac{1}{2\pi} \int_{-\infty}^{\infty} \int_{-\infty}^{\infty} f(x) e^{ik(x_0 - x)} dx dk \tag{8.12}$$

と比較することにより得られる，次の式

$$\delta(x - x_0) = \frac{1}{2\pi} \int_{-\infty}^{\infty} e^{\pm ik(x - x_0)} dk \tag{8.13}$$

または $x_0 = 0$ とした

$$\delta(x) = \frac{1}{2\pi} \int_{-\infty}^{\infty} e^{\pm ikx} dk \tag{8.14}$$

である．ここで，デルタ関数が偶関数であることにより，指数関数の肩の符号は正負どちらでもよい．これらは非常に重要で応用範囲が広い関係式である．

## 8.3 平面波の規格化

7.5 節でみたように，離散的な固有値スペクトルに対する 2 乗積分可能な波動関数は，次のように規格直交化される．

$$\langle \psi_m | \psi_n \rangle = \int_{-\infty}^{\infty} \psi_m^*(x) \psi_n(x) \, dx = \delta_{mn}. \tag{8.15}$$

この規格直交化の定義をデルタ関数を用いて拡張し，連続な固有値スペクトルをもつ関数 $\psi_\lambda(x)$ に対して

$$\langle \psi_\lambda | \psi_{\lambda'} \rangle = \int_{-\infty}^{\infty} \psi_\lambda^*(x) \psi_{\lambda'}(x) \, dx = \delta(\lambda - \lambda') \tag{8.16}$$

となるように規格直交化しよう．

平面波 $\psi_k(x) = e^{ikx}$ については，

$$\int_{-\infty}^{\infty} \psi_k^*(x)\psi_{k'}(x)\,dx = \int_{-\infty}^{\infty} e^{i(k'-k)x}\,dx = 2\pi\delta(k-k') \quad (8.17)$$

が得られる．ここで，デルタ関数の表現 (8.13) を用いた．したがって，

$$\psi_k(x) = \frac{1}{\sqrt{2\pi}} e^{ikx} \quad (8.18)$$

とすることにより，平面波 $\psi_k(x)$ は波数 $k$ について規格化されたことになる（これを $k$ 規格化という）．すなわち，平面波 (8.18) は運動量演算子

$$\hat{p} = \frac{\hbar}{i}\frac{d}{dx} \quad (8.19)$$

の，波数 $k$ について規格直交化された固有関数であり，その固有値は $\hbar k$ である．

平面波はもともと2乗積分可能ではなく，(8.18) 式の「規格化」波動関数は，離散的なスペクトルをもつ2乗積分可能な波動関数の場合の規格化条件

$$\langle \psi_n | \psi_n \rangle = \int_{-\infty}^{\infty} |\psi_n(x)|^2 dx = 1 \quad (8.20)$$

は満たさないことに注意せよ．実際，(8.16) 式から

$$\langle \psi_k | \psi_k \rangle = \int_{-\infty}^{\infty} |\psi_k(x)|^2 dx = \delta(0) \to \infty \quad (8.21)$$

となることがわかる．にもかかわらず (8.16) 式の規格化が有用なのは，次で述べる事項に関連する．

7.6 節で述べた完全性の表現を連続なスペクトルをもつ平面波の場合について考えよう．任意の波動関数 $f(x)$ を，$k$ 規格化された平面波 $\psi_k(x)$ を用いて

$$f(x) = \int_{-\infty}^{\infty} c(k)\psi_k(x)dk = \frac{1}{\sqrt{2\pi}} \int_{-\infty}^{\infty} c(k)e^{ikx}dk \quad (8.22)$$

と展開する．ここで，展開係数を $k$ の関数とみなして $c(k)$ と書いた．$c(k)$ は，(7.76) 式と同様に

$$c(k) = \langle \psi_k | f \rangle = \int_{-\infty}^{\infty} \psi_k^*(x)f(x)dx = \frac{1}{\sqrt{2\pi}} \int_{-\infty}^{\infty} f(x)e^{-ikx}dx \quad (8.23)$$

と求められる．(8.22) および (8.23) 式からわかるように，$f(x)$ と $c(k)$ とは互いにフーリエ変換の関係にある．ここで，(8.22) から (8.23) 式を示す際に，規格化条件 (8.16) 式が用いられている．すなわち，(8.16) 式は規格化のみならず完全性を表現するためにも必要な条件なのである．

## 8.4 位置の固有関数

前節で，運動量 $\hat{p}$ の固有関数である平面波について議論した．ここでは，位置 $x$ の固有関数について考えよう．位置の固有関数 $\psi_{x_0}(x)$（固有値 $x_0$）とは，その位置が $x_0$ に正確に決まり，不確定さがない状態である．したがって，その振幅は $x = x_0$ のみで 0 ではなく，$x \neq x_0$ では $\psi_{x_0}(x) = 0$ となるべきであるから，デルタ関数を用いて

$$\psi_{x_0}(x) = \delta(x - x_0) \tag{8.24}$$

と表されるように思える．この表現の規格直交性について考えよう．位置 $x$ は連続な量であって，その固有値のスペクトルも連続である．そこで，前節でみたように，連続なスペクトルをもつ固有関数に対する (8.16) 式の形の規格直交化を考えよう．(8.24) 式を用いて，

$$\begin{aligned}\int_{-\infty}^{\infty} \psi_{x_0}{}^*(x)\psi_{x_1}(x)\,dx &= \int_{-\infty}^{\infty} \delta(x - x_0)\delta(x - x_1)\,dx \\ &= \delta(x_0 - x_1)\end{aligned} \tag{8.25}$$

となるから，デルタ関数 (8.24) は規格直交化条件 (8.16) を満たしていることがわかる．すなわち，デルタ関数 (8.24) は規格直交化された位置の固有関数とみなすことができる．

さて，任意の波動関数 $f(x)$ を位置の固有関数 (8.24) を用いて

$$f(x) = \int_{-\infty}^{\infty} c(x')\psi_{x'}(x)dx' \tag{8.26}$$

と展開したとき，$f(x) = c(x)$ となる（問題 8.6）．したがって $f(x)$ は

$$f(x) = c(x) = \langle \psi_x | f \rangle \tag{8.27}$$

と書ける．すなわち，波動関数 $f(x)$ とは，粒子の状態 $f$ における位置 $x$ の固有状態の成分を表すものとみなすことができ，その絶対値の 2 乗が，粒子を位置 $x$ にみいだす確率となる．このことは，6.6 節で先験的に導入した解釈と一致する．

## 演 習 問 題

**8.1** 次の関数がデルタ関数 $\delta(x)$ の表現となっていること，すなわち $x=0$ の近傍でのみ鋭いピークをもち，積分値が 1 となっていることを示せ．

1) $\delta(x) = \lim_{a \to 0} \dfrac{1}{\sqrt{\pi}a} e^{-x^2/a^2}$

2) $\delta(x) = \dfrac{1}{\pi} \lim_{a \to 0} \dfrac{a}{x^2 + a^2}$

3) $\delta(x) = \dfrac{1}{\pi} \lim_{a \to \infty} \dfrac{\sin ax}{x}$

4) $\delta(x) = \lim_{a \to 0} \dfrac{1}{2a} e^{-|x|/a}$

**8.2** ある固有関数の組 $\psi_n$ について

$$\sum_n \psi_n^*(x')\psi_n(x) = \delta(x' - x) \tag{a}$$

が成り立つとき，任意の関数 $f$ が $\psi_n$ で展開でき，

$$f(x) = \sum_n c_n \psi_n(x) \tag{b}$$

と書けることを示せ．(a) は 7.6 節で述べた $\psi_n$ の完全性の別の表現であって，完備性 (closure relation) とも呼ばれる．

**8.3** 平面波 (8.18) に対して，運動量 $\hat{p}$ および運動エネルギー $\hat{p}^2/2m$ の期待値を求めよ．なお，$\psi_k$ は規格化条件 (8.20) を満たさないので，演算子 $\hat{A}$ の期待値 $\langle A \rangle$ は，

$$\langle A \rangle = \dfrac{\langle \psi_k | A | \psi_k \rangle}{\langle \psi_k | \psi_k \rangle}$$

としなければならないことに注意せよ．

**8.4** (8.23) 式を示せ．

**8.5** $\psi_{x_0}, \psi_{x_1}$ を平面波で展開し，(8.25) 式を確認せよ．

**8.6** 任意の波動関数 $f(x)$ を (8.26) 式のように展開したとき，$f(x) = c(x)$ となることを示せ．

# 9　1次元井戸型ポテンシャル中の粒子

本章では，1次元運動をしている質量 $m$ の粒子に関する定常状態のシュレーディンガー方程式 (8.1)

$$\left(-\frac{\hbar^2}{2m}\frac{d^2}{dx^2} + V(x)\right)\psi(x) = E\psi(x)$$

を扱う．ここで，係数を簡単にするため，次の置き換えを行う．

$$V(x) = \frac{\hbar^2}{2m}U(x), \tag{9.1}$$

$$E = \frac{\hbar^2}{2m}\epsilon. \tag{9.2}$$

すると，シュレーディンガー方程式は

$$\left(\frac{d^2}{dx^2} + \epsilon - U(x)\right)\psi(x) = 0 \tag{9.3}$$

と簡単な形にすることができる．ここでは，「エネルギー」$\epsilon$ および $U$ は (長さ)$^{-2}$ の次元をもつ．

以下では，シュレーディンガー方程式 (8.1) または (9.3) 式において，有限な数の不連続点を除いて $V(x)$（または $U(x)$）が一定であるような場合を考える（図 9.1）．このようなポテンシャルは一般に井戸型ポテンシャル (square well potential) と呼ばれる．

## 9.1　階段ポテンシャル

次のようなポテンシャルを考える（図 9.2）．

$$V(x) = \begin{cases} 0 & (x \leq 0) \\ V_0 > 0 & (x > 0) \end{cases}. \tag{9.4}$$

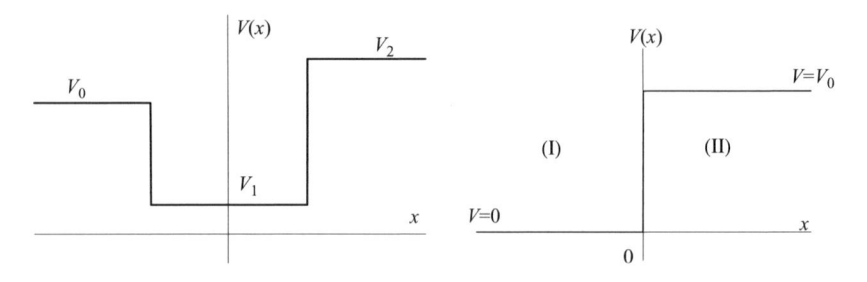

図 9.1　1次元井戸型ポテンシャルの例　　　図 9.2　階段ポテンシャル

このポテンシャルでは，領域 I($x \leq 0$) および領域 II($x > 0$) の境界でポテンシャルが不連続に変化しているが，各々の領域内においてはポテンシャルが一定である．このようなポテンシャルを階段ポテンシャル (step potential) という．

各々の領域内での波動関数を求めよう．その際，粒子のエネルギーと階段ポテンシャルの高さ $V_0$ の大小によって場合を分けて考える．

まず，$0 < E < V_0$ の場合には，

$$\psi(x) = \begin{cases} Ae^{ikx} + Be^{-ikx} & (x \leq 0) \\ Ce^{-\kappa x} + De^{\kappa x} & (x > 0) \end{cases} \tag{9.5}$$

の形となることがわかる．ここで，$k$ および $\kappa$ は，

$$k = \frac{\sqrt{2mE}}{\hbar} = \sqrt{\epsilon}, \tag{9.6}$$

$$\kappa = \frac{\sqrt{2m(V_0 - E)}}{\hbar} = \sqrt{U_0 - \epsilon} \tag{9.7}$$

である．ここで，(9.5) 式のうち $e^{\kappa x}$ の項は $x \to \infty$ で発散するので，物理的な解として受け入れることはできない．したがって $D = 0$ でなければならない．また，6.7 節および問題 9.1 で述べるように，領域の境界 ($x = 0$) において波動関数およびその導関数は連続である必要がある．したがって，次の式が成り立つ．

$$A + B = C, \tag{9.8}$$

$$ik(A - B) = -\kappa C. \tag{9.9}$$

これらの式から

$$\frac{B}{A} = \frac{ik+\kappa}{ik-\kappa} = e^{2i\phi} = r, \tag{9.10}$$

$$\frac{C}{A} = \frac{2ik}{ik-\kappa} = 1 + e^{2i\phi} = 1 + r \tag{9.11}$$

が得られる（$|B/A|=1$, $\phi$ は実数）．これらを (9.5) 式に代入することにより，

$$\psi(x) = \begin{cases} A\left(e^{ikx} + re^{-ikx}\right) = A'\cos(kx-\phi) & (x \le 0) \\ A(1+r)e^{-\kappa x} = A'\cos\phi \cdot e^{-\kappa x} & (x > 0) \end{cases} \tag{9.12}$$

を得る．ここで，$A' = 2Ae^{i\phi}$ であり，その絶対値は規格化条件によって決まるべきものである．したがって，この波動関数は $A$ の位相因子を別にして決まるから，$E<V_0$ の固有関数は縮退していない．さらに重要なことは，$E<V(x)$ となる領域 ($x>0$) においても波動関数が $\psi(x) \ne 0$ となることである．古典力学では，ポテンシャルエネルギーの障壁より小さなエネルギーをもつ粒子は障壁を越えることが不可能であったが，量子力学では波動関数の一部は障壁の外 ($x>0$) にしみ出し，したがって障壁外でも 0 ではない存在確率をもつ．このようなトンネル効果 (tunnel effect) については，11.3 節で再び考察する．

次に，$E>V_0$ の場合の波動関数の一般解は，

$$\psi(x) = \begin{cases} Ae^{ik_1 x} + Be^{-ik_1 x} & (x \le 0) \\ Ce^{ik_2 x} + De^{-ik_2 x} & (x > 0) \end{cases} \tag{9.13}$$

の形をもつ．ここで

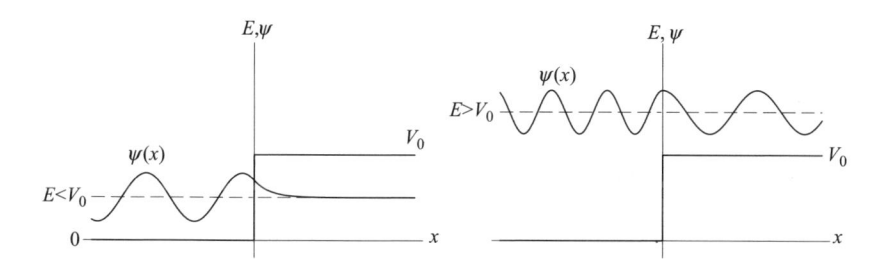

**図 9.3** 階段ポテンシャルの下での波動関数の例
$E<V_0$（左）および $E>V_0$ の場合（右）．破線はエネルギー，曲線は定常状態の波動関数の実部を示す．

$$k_1 = \frac{\sqrt{2mE}}{\hbar} = \sqrt{\epsilon}, \tag{9.14}$$

$$k_2 = \frac{\sqrt{2m(E-V_0)}}{\hbar} = \sqrt{\epsilon - U_0}. \tag{9.15}$$

いま，領域 II で $+x$ 方向に進む波のみを考えることとし，$D=0$ の場合の解を考えよう．領域の境界における波動関数とその導関数の連続性から，

$$\frac{B}{A} = \frac{k_1 - k_2}{k_1 + k_2} = r, \tag{9.16}$$

$$\frac{C}{A} = \frac{2k_1}{k_1 + k_2} = 1 + r \tag{9.17}$$

が得られる[*1]．したがって，求める波動関数は

$$\psi(x) = \begin{cases} A\left(e^{ik_1 x} + re^{-ik_1 x}\right) & (x \leq 0) \\ A(1+r)e^{ik_2 x} & (x > 0) \end{cases} \tag{9.18}$$

となる．

## 9.2 深さが有限・対称な井戸型ポテンシャル

図 9.4 のような，深さ $(V_0)$，幅 $(a)$ が有限な 1 次元井戸型ポテンシャル

$$V(x) = \begin{cases} 0 & \left(|x| \leq \dfrac{a}{2}\right) \\ V_0 > 0 & \left(|x| > \dfrac{a}{2}\right) \end{cases} \tag{9.19}$$

を考えよう．このポテンシャルの最小値は 0 であるから，粒子のエネルギー $(E)$ は $E>0$ である．前節で考察した階段ポテンシャルの場合と同様に，波動関数を粒子のエネルギーとポテンシャルの深さ $V_0$ との大小によって分けて考える．

まず，$0<E<V_0$ の場合には，物理的に許される波動関数は

---

[*1] ここで，(9.10) 式では $|r|=1$ であったのに対し，(9.16) 式では $0<|r|<1$ となることに注意せよ．

## 9.2 深さが有限・対称な井戸型ポテンシャル

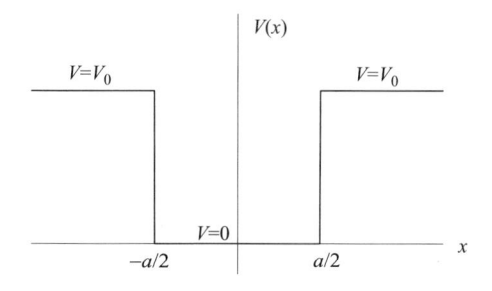

**図 9.4** 深さが有限で対称な井戸型ポテンシャル

$$\psi(x) = \begin{cases} Ce^{\kappa x} & \left(x < -\dfrac{a}{2}\right) \\ Ae^{ikx} + Be^{-ikx} & \left(|x| \leq \dfrac{a}{2}\right) \\ De^{-\kappa x} & \left(x > \dfrac{a}{2}\right) \end{cases} \quad (9.20)$$

の形となる．ここで，$k$ および $\kappa$ は，

$$k = \frac{\sqrt{2mE}}{\hbar} = \sqrt{\epsilon}, \quad (9.21)$$

$$\kappa = \frac{\sqrt{2m(V_0 - E)}}{\hbar} = \sqrt{U_0 - \epsilon} \quad (9.22)$$

である．$0 < E < V_0$ の解は $|x| \to \infty$ で $\psi \to 0$ になり，井戸の中で粒子の存在確率が大きくなる解である．このような解を**束縛状態** (bound state) という．

**ポテンシャルの対称性と波動関数の偶奇性**

ここで，波動関数を具体的に求める前に，ポテンシャルの対称性について考察しよう．(9.19) 式のポテンシャルは，座標の反転すなわち $x \to -x$ に対して対称で，

$$V(-x) = V(x) \quad (9.23)$$

を満たす．このことを，$V(x)$ は**反転対称性** (inversion symmetry) をもつという．このとき，$\psi(x)$ がシュレーディンガー方程式

$$\left(-\frac{\hbar^2}{2m}\frac{d^2}{dx^2} + V(x)\right)\psi(x) = E\psi(x) \quad (9.24)$$

の解であれば，$\psi(-x)$ もまた同じ固有値をもつ解となる（問題 9.5）．したがって，その線形結合

$$\psi_g = \psi(x) + \psi(-x), \tag{9.25}$$

$$\psi_u = \psi(x) - \psi(-x) \tag{9.26}$$

もまた同じ固有値をもつ解である．ここで，$\psi_g$, $\psi_u$ はそれぞれ偶関数，奇関数となる[*2]．したがって，反転対称性をもつポテンシャルの下での波動関数は，偶関数および奇関数を基底にとることができる．このような関数を，それぞれ偶および奇のパリティ(parity)をもつ関数という．

さて，(9.20) 式の関数から，(9.25), (9.26) 式に従って偶および奇のパリティをもつ波動関数を作ろう．偶パリティの関数は

$$\psi_g(x) = \begin{cases} A_g \cos kx & \left(|x| \leq \dfrac{a}{2}\right) \\ B_g\, e^{-\kappa|x|} & \left(|x| > \dfrac{a}{2}\right) \end{cases}, \tag{9.27}$$

奇パリティの関数は

$$\psi_u(x) = \begin{cases} -B_u\, e^{-\kappa|x|} & \left(x < -\dfrac{a}{2}\right) \\ A_u \sin kx & \left(|x| \leq \dfrac{a}{2}\right) \\ B_u\, e^{-\kappa|x|} & \left(x > \dfrac{a}{2}\right) \end{cases} \tag{9.28}$$

となる．ここで，$A_g$, $B_g$ などは定数である．前節でも議論したように，これらの関数が物理的に許される解となるためには，領域の境界 $|x| = a/2$ において，波動関数およびその導関数が連続でなければならない．まず，偶パリティの関数 $\psi_g(x)$ においては，これらの条件から方程式

$$A_g \cos \frac{ka}{2} - B_g\, e^{-\kappa a/2} = 0, \tag{9.29}$$

$$A_g k \sin \frac{ka}{2} - B_g \kappa\, e^{-\kappa a/2} = 0 \tag{9.30}$$

が得られる．いま，$A_g$, $B_g$ ともに 0 ではない解を求めたいのだから，$A_g$, $B_g$

---

[*2] g, u の添字は，ドイツ語の gerade, ungerade に対応する．

## 9.2 深さが有限・対称な井戸型ポテンシャル

に関する連立方程式 (9.29), (9.30) が自明な解 $A_g = B_g = 0$ 以外の解をもつ条件

$$\begin{vmatrix} \cos(ka/2) & -e^{-\kappa a/2} \\ k\sin(ka/2) & -\kappa\, e^{-\kappa a/2} \end{vmatrix} = 0 \tag{9.31}$$

より,

$$\tan\frac{ka}{2} = \frac{\kappa}{k} \tag{9.32}$$

を得る[*3]. 逆に, (9.32) 式が満たされるときのみ, 0 でない $A_g$, $B_g$ が存在することになる. ここで, (9.21), (9.22) 式が示すように, $k$ も $\kappa$ もエネルギー $E$ (または $\epsilon$) の関数であるから, (9.31) または (9.32) 式は系のとりうるエネルギー固有値を求める方程式に他ならない.

一方, 奇パリティの関数 $\psi_u(x)$ に関しても同様に

$$-\cot\frac{ka}{2} = \frac{\kappa}{k} \tag{9.33}$$

が得られる.

方程式 (9.32), (9.33) の解を解析的に求めることはできないが, グラフを用いて解のおおよその様子を知ることはできる. いま,

$$ka = \theta, \tag{9.34}$$

$$\sqrt{U_0}\,a = \theta_0 \tag{9.35}$$

の置き換えを行うと, (9.32), (9.33) 式は

$$\tan\frac{\theta}{2} = \sqrt{\left(\frac{\theta_0}{\theta}\right)^2 - 1}\ , \tag{9.36}$$

$$-\cot\frac{\theta}{2} = \sqrt{\left(\frac{\theta_0}{\theta}\right)^2 - 1} \tag{9.37}$$

と書き換えることができる. したがって問題は, $\tan(\theta/2)$ または $-\cot(\theta/2)$ と

---

[*3] 同じことは, $\psi(x)$ の対数微分 $(1/\psi)(d\psi/dx)$ の連続性から導出することもできる.

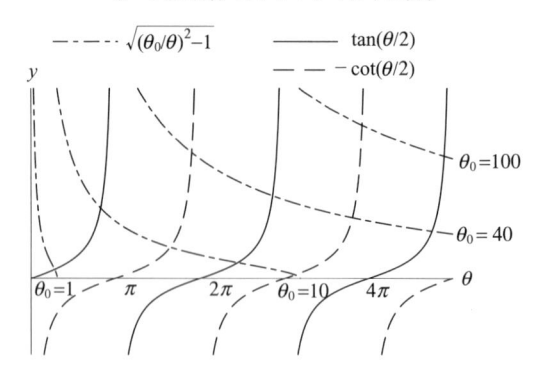

**図 9.5** 有限な深さの井戸型ポテンシャルで許されるエネルギーを求めるためのグラフ．$\sqrt{(\theta_0/\theta)^2 - 1}$ は $\theta_0 = 1, 10, 40$, および 100 の場合について示す．

$\sqrt{(\theta_0/\theta)^2 - 1}$ を $\theta$ に対してプロットし，それらの交点における $\theta$ を求めることに帰着する（図 9.5）．系の固有エネルギーは $\theta$ と

$$E = \frac{\hbar^2 \theta^2}{2ma^2}, \quad \epsilon = \frac{\theta^2}{a^2} \tag{9.38}$$

の関係にある．グラフからわかることは，

- 許される固有エネルギー（エネルギー固有値）が飛び飛びで，そのスペクトルは**離散的** (discrete) になる．
- どのような $\theta_0 > 0$ に対しても，少なくとも 1 個の解が存在し，$\theta_0$ が大きくなるにしたがって解の数も多くなる．
- 固有エネルギーの小さい順に，偶パリティと奇パリティの解が交互に現れる．
- 各々の固有エネルギーに属する固有関数は縮退していない．

ということである．また，束縛状態における固有状態の波動関数の例を図 9.6 に示す．このような，束縛状態における離散的エネルギースペクトルは古典的には説明できないものであり，量子力学における大きな特徴である．束縛状態における離散的スペクトルの存在は，水素原子などにおいて発見され[*4)]，量子力学の発見の契機となったことは 3 章で述べたとおりであるが，1 次元井戸型ポテンシャルという簡単な系でも量子力学の特徴の一端を垣間見ることができる．

---

[*4)] 水素原子は 3 次元のクーロンポテンシャルの問題であり，井戸型ポテンシャルとは異なるが，束縛状態で離散的スペクトルが現れる点は共通である．

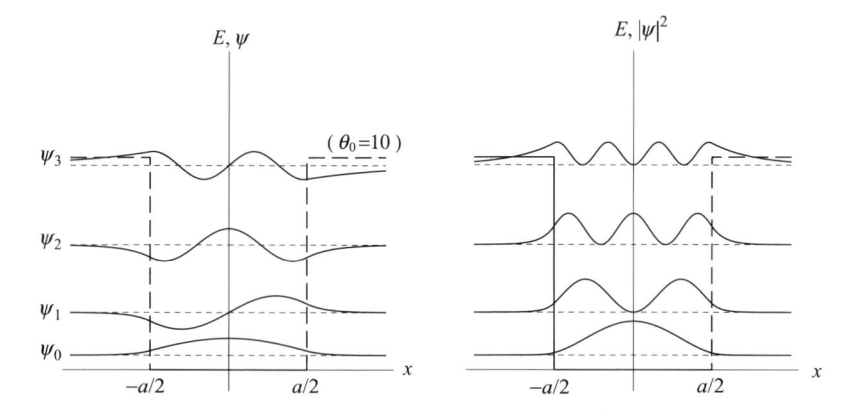

**図 9.6** 1次元井戸型ポテンシャルの下での束縛状態の波動関数の例 ($\theta_0 = 10$). 破線はエネルギー,曲線は定常状態の波動関数 $\psi(x)$ の実部(左)および $|\psi(x)|^2$(右)を示す.$\psi(x)$ は固有エネルギー(破線)の小さな順に $\psi_0, \psi_1, \psi_2, \psi_3$ と表し,各々の 0 点が固有エネルギーに等しくなるようシフトした.

次に,$E > V_0$ の状態について調べよう.この場合の波動関数の一般解は次の形になる.

$$\psi(x) = \begin{cases} Ce^{ik_2 x} + De^{-ik_2 x} & \left(x < -\dfrac{a}{2}\right) \\ Ae^{ik_1 x} + Be^{-ik_1 x} & \left(|x| \leq \dfrac{a}{2}\right) \\ Fe^{ik_2 x} + Ge^{-ik_2 x} & \left(x > \dfrac{a}{2}\right) \end{cases} \tag{9.39}$$

ここで,

$$k_1 = \frac{\sqrt{2mE}}{\hbar} = \sqrt{\epsilon}, \tag{9.40}$$

$$k_2 = \frac{\sqrt{2m(E - V_0)}}{\hbar} = \sqrt{\epsilon - U_0} \tag{9.41}$$

である.(9.13) 式で行ったように,$G = 0$ とおいて井戸の片側の領域で進行波となる解を求めることもできるが,ここでは束縛状態 ($E < V_0$) について行ったのと同様に,波動関数のパリティを分けて考えよう.すると,偶パリティの関数は

$$\psi_g(x) = \begin{cases} A_g \cos k_1 x & \left(|x| \leq \dfrac{a}{2}\right) \\ B_g \cos(k_2|x| + \phi_g) & \left(|x| > \dfrac{a}{2}\right) \end{cases}, \qquad (9.42)$$

奇パリティの関数は

$$\psi_u(x) = \begin{cases} -B_u \sin(k_2|x| + \phi_u) & \left(x < -\dfrac{a}{2}\right) \\ A_u \sin k_1 x & \left(|x| \leq \dfrac{a}{2}\right) \\ B_u \sin(k_2|x| + \phi_u) & \left(x > \dfrac{a}{2}\right) \end{cases} \qquad (9.43)$$

と書ける．ここで，$A_g$, $B_g$, $\phi_g$ などは定数である．境界における波動関数およびその導関数の連続性から，次式が求まる．

$$\tan\left(\frac{k_2 a}{2} + \phi_g\right) = \frac{k_1}{k_2} \tan \frac{k_1 a}{2}, \qquad (9.44)$$

$$\tan\left(\frac{k_2 a}{2} + \phi_u\right) = \frac{k_2}{k_1} \tan \frac{k_1 a}{2}. \qquad (9.45)$$

ここで，上の二つの方程式は任意のエネルギー $E > V_0$ に対して $\phi_g$, $\phi_u$ の解をもつ．すなわち，任意のエネルギーに対して，偶および奇の 0 でない固有関

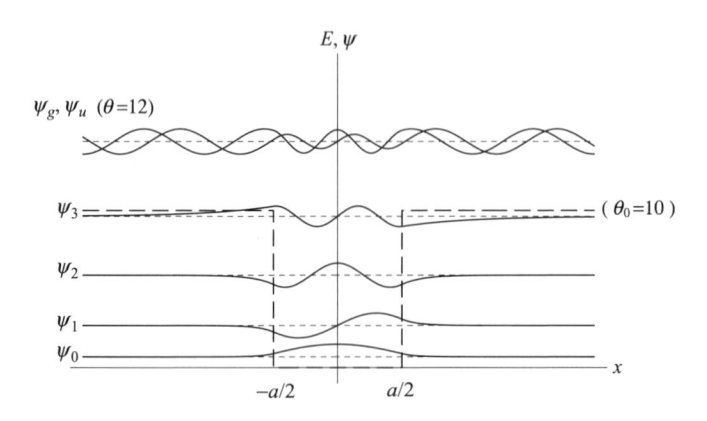

図 **9.7** 1 次元井戸型ポテンシャルの下での波動関数の例 ($\theta_0 = 10$)
破線はエネルギー，曲線は定常状態の波動関数の実部を示す．各波動関数の 0 点は各々の固有エネルギー（破線）に等しくなるようシフトした．$E > V_0$ ($\theta=12$) の状態に関しては，縮退している偶および奇パリティの波動関数の両者を示す．

数が存在する．したがって，束縛状態の場合とは異なり，$E > V_0$ の固有エネルギーは連続スペクトルをもち，各々の固有エネルギーに対する波動関数は二重に縮退している．

## 9.3　無限に深い井戸型ポテンシャル

次に，図 9.4 において $V_0 \to \infty$ の場合，無限に深い井戸型ポテンシャル

$$V(x) = \begin{cases} 0 & \left(|x| \leq \dfrac{a}{2}\right) \\ \infty & \left(|x| > \dfrac{a}{2}\right) \end{cases} \tag{9.46}$$

を考えよう．問題 9.4 でみるように，このようなポテンシャルにおける波動関数は，障壁の外側では振幅が 0 となり，ポテンシャルの境界で連続ではあるが，その導関数は連続にはならない．また，ポテンシャル (9.46) は反転対称性をもつから，波動関数は偶および奇のパリティに分けて考えることができる．

偶パリティの関数は

$$\psi_g(x) = \begin{cases} A_g \cos kx & \left(|x| \leq \dfrac{a}{2}\right) \\ 0 & \left(|x| > \dfrac{a}{2}\right) \end{cases}, \tag{9.47}$$

奇パリティの関数は

$$\psi_u(x) = \begin{cases} A_u \sin kx & \left(|x| \leq \dfrac{a}{2}\right) \\ 0 & \left(|x| > \dfrac{a}{2}\right) \end{cases} \tag{9.48}$$

となるが，$|x| = a/2$ における連続性から，

$$\cos \frac{ka}{2} = 0 \quad (偶パリティ), \tag{9.49}$$

$$\sin \frac{ka}{2} = 0 \quad (奇パリティ) \tag{9.50}$$

を満たさなければならない．したがって，$k$ に対する条件は，

$$k = \frac{(n+1)\pi}{a} \quad (偶パリティ，n = 0, 2, 4\ldots), \tag{9.51}$$

$$k = \frac{(n+1)\pi}{a} \quad (奇パリティ，n = 1, 3, 5\ldots) \tag{9.52}$$

または両者をまとめて

$$k_n = \frac{(n+1)\pi}{a} \tag{9.53}$$

が成り立つ $(n = 0, 1, 2, \ldots)$[*5]. これは，図 9.5 において $\theta_0 \to \infty$ のときの解が

$$\theta \to (n+1)\pi \tag{9.54}$$

となることに対応する.

$k_n$ に対応する波動関数を $\psi_n(x)$ としてもう一度書けば，

$$\psi_n(x) = \begin{cases} A_g \cos k_n x & (n : 偶数) \\ A_u \sin k_n x & (n : 奇数) \end{cases} \tag{9.55}$$

である. これらの波動関数の固有エネルギーを $E_n$（または $\epsilon_n$）とすると，

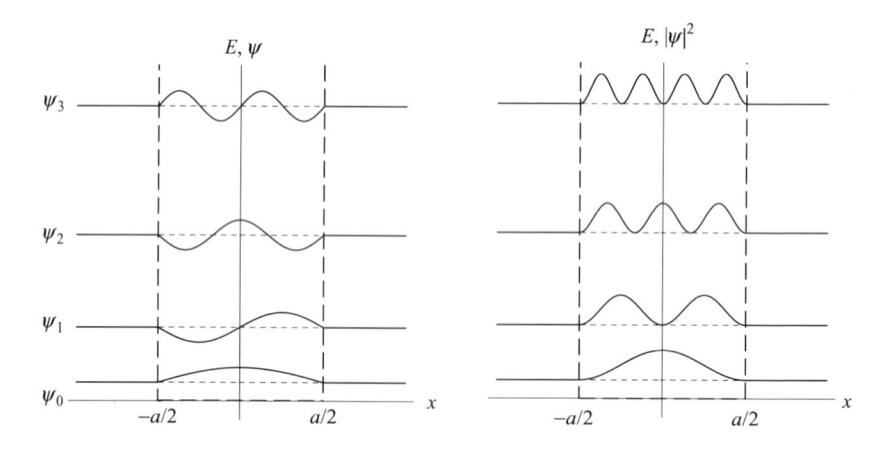

図 9.8 無限に深い 1 次元井戸型ポテンシャルの下での波動関数の例
破線はエネルギー，曲線は定常状態の波動関数 $\psi_n(x)$ の実部（左）および $|\psi_n(x)|^2$（右）を示す. 各波動関数の 0 点は各々の固有エネルギー（破線）に等しくなるようシフトした.

---

[*5] $n$ を自然数 $(n = 1, 2, 3, \ldots)$ にとり，$k_n = n\pi/a$ とすることも多いが，ここでは，後に出てくる調和振動子との対応および波動関数のパリティと $n$ の偶奇性の対応を重視して，$n = 0, 1, 2, \ldots$ と選ぶ.

$$E_n = \frac{\hbar^2 k^2}{2m} = \frac{\hbar^2(n+1)^2\pi^2}{2ma^2}, \qquad \epsilon_n = k^2 = \frac{(n+1)^2\pi^2}{a^2} \qquad (9.56)$$

を得る．系のとりうる最低エネルギー $E_0$ は，井戸幅 $a$ の 2 乗に反比例し，井戸幅が狭くなるほど大きくなる．図 9.8 に，$n = 0, 1, 2, 3$ についての波動関数の例を示す．

## 演習問題

**9.1** ポテンシャル $V(x)$ が $x = a$ において連続あるいはたかだか有限な不連続 $\Delta V$ をもつとする．そのとき，波動関数 $\psi$ の $x$ に関する 1 次微分 $\psi'$ が $x = a$ において連続であることを示せ（シュレーディンガー方程式を積分し，$\psi'(a+h) - \psi'(a-h) = \int_{a-h}^{a+h} \psi'' dx$ の $h \to 0$ の極限を調べる．$\psi$ は全空間で連続であることを仮定する）．

**9.2** (9.10), (9.11) 式を確かめよ．また，$\phi$ を $k, \kappa$ を用いて表せ．

**9.3** (9.16), (9.17) 式を確かめよ．

**9.4** (9.4) 式において，$V_0 \to \infty$ としたときの波動関数の挙動を調べ，$x \geq 0$ において $\psi(x) = 0$ となることを示せ．また，そのとき $d\psi/dx$ は $x = 0$ で不連続となってしまうことを示せ．

**9.5** 反転対称性をもつポテンシャル $V(x)$ におけるシュレーディンガー方程式 (9.23) の解を $\psi(x)$ とすれば，$\psi(-x)$ もまた同じ固有値をもつ解となることを示せ．

**9.6** $\psi(x)$ が偶のパリティをもつときは $d\psi/dx$ は奇のパリティを，$\psi(x)$ が奇のパリティをもつときは $d\psi/dx$ は偶のパリティをもつことを示せ．

**9.7** 幅 $a$, 深さ $V_0$ の 1 次元井戸型ポテンシャルに束縛されている質量 $m$ の粒子がある．この粒子のとりうる束縛状態の数が $N$ であったとする．次の質問に答えよ．

1) 深さはそのままで井戸の幅が $2a$ になったとき，束縛状態の数はどうなるか．
2) 幅はそのままで井戸の深さが $2V_0$ になったとき，束縛状態の数はどうなるか．
3) 井戸の深さが非常に深いとき，低いエネルギーの束縛状態の井戸中での波数 $k$ は近似的に等間隔になることを示せ．また，そのときの束縛状態のエネルギーを低いほうから順に $E_1, E_2, \ldots$ と書くとき，$E_n$ の近似値を求めよ．
4) 幅 1 nm, 深さ 1 eV の 1 次元井戸型ポテンシャルに束縛されている電子の束縛状態の数はいくつ程度になるか．また，最低エネルギーの近似値を eV 単位で求めよ．
5) 前問において，束縛状態が 1 個だけとなるための井戸の幅はどの程度になるか．

**9.8** (9.27), (9.28) 式の波動関数を規格化せよ．

**9.9** (9.42), (9.43) 式において，井戸の外側の波動関数を

$$B \cos k_2 |x| + C \sin k_2 |x|$$

の形において，満たすべき固有値方程式を求めよ．その方程式は任意のエネルギー $E > V_0$ に対して解をもつことを示せ．

**9.10** (9.55) 式の $\psi_n(x)$ の規格化定数 $A_g, A_u$ を求めよ．

**9.11** 井戸型ポテンシャル

$$V(x) = \begin{cases} \infty & (x < 0) \\ 0 & \left(0 \leq x \leq \dfrac{a}{2}\right) \\ V_0 & \left(x > \dfrac{a}{2}\right) \end{cases}$$

における固有値方程式を導け．その束縛状態のエネルギーが井戸幅 $a$, 深さ $V_0$ の井戸型ポテンシャルの奇の固有関数に対するエネルギーと同じであることを示せ．また，このポテンシャルにおける束縛状態が存在する $V_0$ の下限を求めよ．

**9.12** 井戸型ポテンシャル

$$V(x) = \begin{cases} V_0 > 0 & (|x| < a) \\ 0 & (a \leq |x| \leq a+b) \\ \infty & (|x| > a+b) \end{cases}$$

における固有値方程式を導け．また，$V_0 \to \infty$ および $V_0 \to 0$ において，エネルギー固有値および波動関数はどうなるか．

# 10 調和振動子

前章では，1次元井戸型ポテンシャルにおける波動関数，特に束縛状態の性質について調べた．本章では，同じく束縛状態を与える最も重要なポテンシャルの一つである**調和振動子** (harmonic oscillator) について考えよう．調和振動子は，分子の振動や空洞内の電磁波（光）のような，多くの物理系を表すよいモデルとなっている．

## 10.1 調和振動子の定常状態と固有値

古典力学で学んだように，バネ定数 $K$ のバネにつながった質点は振動数 $\omega_0$ の調和振動（または単振動）を行う．そのポテンシャルエネルギーは，

$$V(x) = \frac{1}{2}Kx^2 = \frac{1}{2}m\omega_0^2 x^2 \tag{10.1}$$

で与えられる（図 10.1）．ここで，

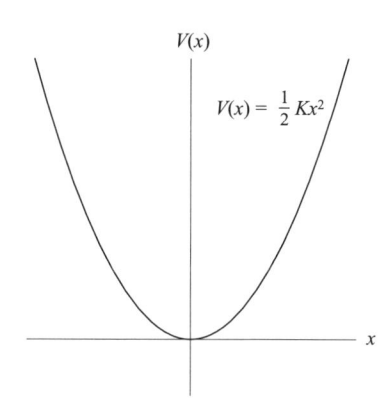

**図 10.1** 1次元調和振動子ポテンシャル

$$\omega_0 = \sqrt{\frac{K}{m}} \tag{10.2}$$

である．調和振動子ポテンシャル中を運動する粒子のシュレーディンガー方程式は

$$\left(-\frac{\hbar^2}{2m}\frac{d^2}{dx^2} + \frac{1}{2}m\omega_0^2 x^2\right)\psi(x) = E\psi(x) \tag{10.3}$$

となる．ここで，係数を簡単にするため次の置き換えを行う．

$$x = \sqrt{\frac{\hbar}{m\omega_0}}q \equiv \beta q, \tag{10.4}$$

$$E = \frac{\hbar\omega_0}{2}\lambda. \tag{10.5}$$

すると，シュレーディンガー方程式は

$$\left(\frac{d^2}{dq^2} + \lambda - q^2\right)\psi(q) = 0 \tag{10.6}$$

と簡単な形にすることができる[*1)]．

まず，この方程式の解の $q \to \pm\infty$ での解の形を調べよう．このときには，$q^2 \gg \lambda$ とすることができ，

$$\psi(q) \to e^{-q^2/2}. \tag{10.7}$$

すなわちガウス関数が (10.6) 式の漸近解となっていることがわかる．さらに，(10.7) 式は，$\lambda = 1$ のときの (10.6) 式の正確な解ともなっている．

そこで，(10.6) 式の解を次の形におき，級数解を求めよう．

$$\psi(q) = A\,e^{-q^2/2}\,u(q). \tag{10.8}$$

ここで，$A$ は規格化定数であり，

$$u(q) = \sum_{i=0}^{n} c_i q^i \tag{10.9}$$

---

[*1)] ここで，$\psi(x) = \psi(\beta q)$ を新たに $\psi(q)$ と置き直した．

## 10.1 調和振動子の定常状態と固有値

は $q$ の多項式である．(10.8) 式を (10.6) 式に代入することにより，$u(q)$ に対する方程式

$$\left(\frac{d^2}{dq^2} - 2q\frac{d}{dq} + \lambda - 1\right)u(q) = 0 \tag{10.10}$$

が得られる．(10.9) 式を (10.10) 式に代入して，$u(q)$ における各項の係数の間の漸化式を導くと

$$(k+2)(k+1)c_{k+2} - (2k+1-\lambda)c_k = 0 \tag{10.11}$$

を得る．この漸化式は，$c_k$ と $c_{k+2}$ とを結ぶものであるから，$c_0$ を決めることにより $c_2, c_4, \ldots$ の偶数項の係数が決まり，$c_1$ を決めることにより $c_3, c_5, \ldots$ の奇数項の係数が決まる．調和振動子ポテンシャル (10.1) は反転対称性をもっているから，前章で議論したように，その固有関数をパリティによって類別しよう．いま，(10.8) 式においてガウス関数 $e^{-q^2/2}$ は偶関数であるから，$u(q)$ が偶数冪の項のみをもてば $\psi(q)$ は偶関数，$u(q)$ が奇数冪の項のみをもてば $\psi(q)$ は奇関数である．したがって漸化式 (10.11) において，偶の固有関数に対しては $c_0 = 1, c_1 = 0$，奇の固有関数に対しては $c_0 = 0, c_1 = 1$ から始めて，$c_n$ の列を求めればよいことがわかる．

次に，(10.8) 式の形の解の 2 乗積分可能性と，固有値 $\lambda$ のとりうる値について考察しよう．$u(q)$ が $q^n$ の項までの有限の数の項で終わるとき，$q \to \pm\infty$ で $\psi(q) \to 0$ となり，$\psi(q)$ は 2 乗積分可能で物理的に有意な解となるが，$u(q)$ が有限の数の項で終わらないときは $q \to \pm\infty$ で $\psi(q)$ が発散してしまい，物理的に有意な解とはならない．漸化式 (10.11) より，$u(q)$ が $q^n$ の項までの有限の数 ($n$) の項で終わるのは

$$\lambda = 2n + 1 = 1, 3, 5, \ldots \tag{10.12}$$

の場合である．すなわち，(10.12) 式で示された（奇の自然数の）$\lambda$ のみが物理的に許される固有値を与えることになる．また，その固有関数は $n$ が偶数のときは偶関数，$n$ が奇数のときは奇関数となる．(10.12) 式を (10.5) 式に代入することにより，量子的調和振動子のとりうる固有エネルギー $E_n$ は，

$$E_n = \left(n + \frac{1}{2}\right)\hbar\omega_0 \quad (n = 0, 1, 2, \ldots) \tag{10.13}$$

となることがわかる．ここで，次のような重要な結論に達した．

- 調和振動子のエネルギー固有値は離散的で，$\hbar\omega_0$ の間隔で並んでいる．
- その最低エネルギー状態 ($n=0$) はポテンシャルの底より $(1/2)\hbar\omega_0$ だけエネルギーが大きい（**0 点エネルギー**）．
- 最低エネルギー状態の固有関数は偶関数で，固有エネルギーの小さい順に偶パリティと奇パリティの固有状態が交互に現れる．
- 各エネルギーの固有状態は縮退していない．

調和振動子ではポテンシャルが上に有界ではないので，無限に深い井戸型ポテンシャルと同様に，系の状態はすべて束縛状態である．また，束縛状態のエネルギースペクトルが離散的になる点も井戸型ポテンシャルと同じであるが，調和振動子ではその固有エネルギーが等間隔であるという特徴をもつ．

## 10.2 定常状態の固有関数

次に，固有関数の具体的な形について調べよう．漸化式 (10.11) を満たす有限項の多項式は，**エルミート多項式** (Hermite polynomial) として知られている．エルミート多項式 $H_n(q)$ とは，

$$\begin{aligned}
H_n(q) &= (-1)^n e^{q^2} \frac{d^n}{dq^n} e^{-q^2} \\
&= (2q)^n - \frac{n(n-1)}{1!}(2q)^{n-2} + \frac{n(n-1)(n-2)(n-3)}{2!}(2q)^{n-4} - \cdots
\end{aligned} \tag{10.14}$$

の形で表される $n$ 次までの有限項の多項式である．$H_n(q)$ の最初のいくつかを列記すると，

$$\begin{aligned}
H_0(q) &= 1, \\
H_1(q) &= 2q, \\
H_2(q) &= 4q^2 - 2, \\
H_3(q) &= 8q^3 - 12q
\end{aligned} \tag{10.15}$$

## 10.2 定常状態の固有関数

などが得られる．これらを用いると，エネルギー固有値 $E_n$ に属する固有関数 $\psi_n(q)$ は

$$\psi_n(q) = A_n\, e^{-q^2/2}\, H_n(q) \tag{10.16}$$

と書くことができる．問題 10.2 で求めるように，規格化定数 $A_n$ は

$$A_n = \frac{1}{\pi^{1/4}\,(2^n n!)^{1/2}} \tag{10.17}$$

となるから，規格化された固有関数は，

$$\psi_n(q) = \frac{1}{\pi^{1/4}\,(2^n n!)^{1/2}}\, e^{-q^2/2}\, H_n(q) \tag{10.18}$$

となる．これらの関数は規格直交化されている．すなわち，

$$\int_{-\infty}^{\infty} \psi_n(q)\psi_m(q)\,dq = \delta_{nm} \tag{10.19}$$

を満たす．また，位置の変数を $q$ から $x$ へ戻すと，固有関数は，

$$\psi_n(x) = \frac{1}{\pi^{1/4}\,(2^n n!\beta)^{1/2}}\, e^{-x^2/2\beta^2}\, H_n\!\left(\frac{x}{\beta}\right) \tag{10.20}$$

と書ける．固有関数 (10.20) のいくつかの例を図 10.2 および図 10.3 に示す．図からわかるように，$\psi_n(x)$ は $n$ 個の節をもつ関数である．

最低エネルギー状態（基底状態：ground state）[*2] の固有関数 $\psi_0(x)$ は簡単なガウス関数の形

$$\psi_0(x) = \frac{1}{\pi^{1/4}\beta^{1/2}} e^{-x^2/2\beta^2} \tag{10.21}$$

をしている．この状態のエネルギー $E_0$ における古典的粒子の運動の振幅は，

$$\frac{1}{2} m\omega^2 x = \frac{1}{2}\hbar\omega_0 \tag{10.22}$$

$$\to x = \pm\sqrt{\frac{\hbar}{m\omega_0}} = \pm\beta \tag{10.23}$$

---

[*2] 7.6 節で述べた基底 (basis) とは，同じ訳語があてられているので紛らわしいが，物理的にはまったく別の意味である．

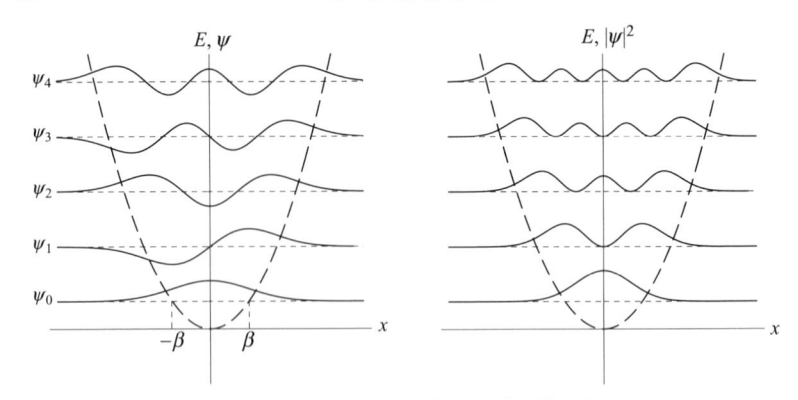

**図 10.2** 1次元調和振動子の固有関数の例
破線は固有エネルギー，曲線は固有関数 $\psi_n(x)$（左）および $|\psi_n(x)|^2$（右）．各固有関数の 0 点は各々の固有エネルギー（破線）に等しくなるようシフトした．

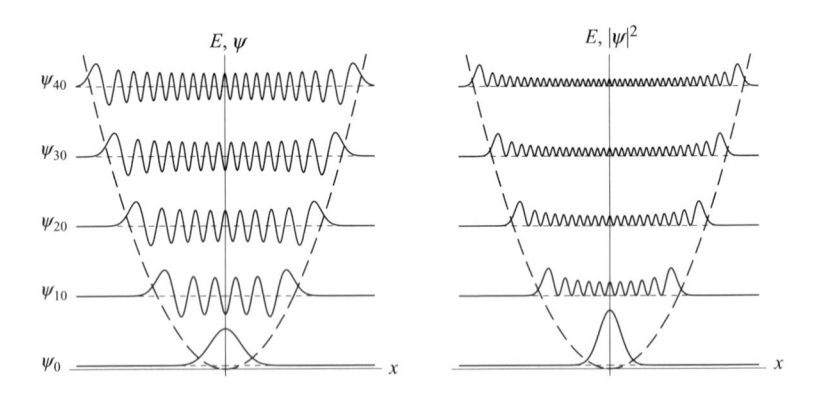

**図 10.3** 1次元調和振動子の高い励起状態までの固有関数の例
破線は固有エネルギー，曲線は固有関数 $\psi_n(x)$（左）および $|\psi_n(x)|^2$（右）．

となって，基底状態の固有関数 (10.20) の拡がりを表すパラメータ $\beta$ に等しくなることがわかる．また，図 10.2 や図 10.3 からもわかるように，$n$ が大きい（エネルギーが高い）状態においても，粒子の存在確率 $|\psi(x)|^2$ のおおよその拡がりは，古典的粒子の運動の振幅にほぼ等しくなることがわかる．ただし，9 章でも議論したように，古典的粒子が到達しえない $V(x) < E$ の領域においても，量子的粒子の存在確率は急激に減少はするが 0 でない値をもつ．

次に，基底状態の位置と運動量の不確定性関係について考察しよう．(7.60)

## 10.2 定常状態の固有関数

式でみたように，ガウス型の波束をもつ波動関数は最小不確定性関係

$$\Delta x \Delta p = \frac{\hbar}{2} \tag{10.24}$$

をもつ．調和振動子の基底状態もガウス型の波束をもつから，(10.24) 式，あるいは位置変数 $q$ と共役な運動量 $\hat{p}_q = -i\partial/\partial q$ を用いて

$$\Delta q \Delta p_q = \frac{1}{2} \tag{10.25}$$

が成立することがわかる．

## 演 習 問 題

**10.1** 次を示せ．
1) $\dfrac{d}{dq}H_n(q) = 2nH_{n-1}(q)$
2) $\left(2q - \dfrac{d}{dq}\right)H_n(q) = H_{n+1}(q)$

**10.2**
$$I_n \equiv \int_{-\infty}^{\infty} \left|e^{-q^2/2}H_n(q)\right|^2 dq$$

とする．問題 10.1 の関係式を用いて，

$$I_n = 2nI_{n-1} = 2^n n! I_0$$

を示せ．この結果から，$\psi_n(q)$ の規格化定数が (10.17) となることを示せ．

**10.3** 調和振動子の固有関数 (10.20) に関して，位置 $x$ および運動量 $p$ の期待値がともに 0 であることを示せ．

**10.4** 調和振動子の基底状態の固有関数 (10.21) に関して，運動エネルギー $K = p^2/2m$ および位置エネルギー $V(x)$ の期待値を求め，両者が等しくなることを示せ．

**10.5** ポテンシャル (10.1) 上をエネルギー $E = \{n + (1/2)\}\hbar\omega_0$ をもって運動している古典的粒子を，様々な時間において位置 $x$ と $x + dx$ の間にみいだす確率を $P(x)dx$ とする．$P(x)$ を求めて図示せよ．それを図 10.3 の $|\psi_n(x)|^2$ と比較して論ぜよ．

**10.6** 細いバネの先に取り付けた質量 1 mg の粒子が，振動数 1000 Hz で振動している．以下の問に答えよ．
1) この粒子の量子力学的な基底状態の固有エネルギー (eV 単位) と，それに対応する古典的振幅を求めよ．

2) この系は，気体分子などの外部からの擾乱によって振動が誘起される．その振動の平均エネルギーは熱エネルギー ($k_B T$) 程度であるとすると，室温 ($\sim 300$ K) において誘起される振動のエネルギーは基底状態から数えて何番目程度の固有エネルギーに対応するか．また，そのエネルギーに対応する古典的振幅はどの程度になるか．
3) 以上のことから考えて，この振動子の量子力学的振る舞いを観測可能かどうか検討せよ．

**10.7** 調和振動子の基底状態の固有関数について，$x$ および $\hat{p}$（または $q$ および $\hat{p}_q$）の不確定性を求め，それらの積が (10.24) 式または (10.25) 式を満たすことを示せ．

# 11 波束の運動

ここまでは，1次元ポテンシャル $V(x)$ の中の定常状態の波動関数を調べてきた．すなわち，定常状態のシュレーディンガー方程式 (8.1) を解き，ハミルトニアンの固有関数を求めたのであった．このようにして求めた波動関数は，時間に依存しない静的な状態を表すものである．一方，粒子の運動の状態を調べるためには，シュレーディンガーの波動方程式 (6.28) を解いて波動関数の時間発展を追う必要がある．また，古典的粒子の運動に対応するような量子状態を調べるためには，ある時間において空間のある1点の近傍のみに大きい振幅をもつような波（波束）について考えなければならない．本章では，1次元運動をする粒子に対応する波束の時間的変化の様子をいくつかの具体例をみながら調べることで，量子力学における「運動」の扱いについて理解を深めよう．

## 11.1 波動関数の時間発展

$x$ 軸上を1次元運動をする粒子の波動関数を $\Psi(x,t)$ とおく．いま，時刻 $t=0$ における粒子の波動関数が

$$\Psi(x,0) = \psi(x) \tag{11.1}$$

であったとき，時刻 $t$ における波動関数 $\Psi(x,t)$ を求めることを考えよう．シュレーディンガーの波動方程式 (6.31)

$$\hat{H}\Psi(x,t) = i\hbar \frac{\partial \Psi(x,t)}{\partial t} \tag{11.2}$$

において，ハミルトニアン $\hat{H}$ を定数のように扱って形式的に解くと，

$$\Psi(x,t) = e^{-(i/\hbar)\hat{H}t}\Psi(x,0) \tag{11.3}$$

を得る. もちろん, 指数関数の中に演算子 $\hat{H}$ が入っているので, 一般には (11.3) 式の右辺を解析的に求めることはたいへん困難である. 例外は, $\Psi(x,0)$ がハミルトニアンの固有関数 $\psi_n(x)$ になるときであって, そのときは

$$\hat{H}\psi_n(x) = E_n \psi_n(x) \tag{11.4}$$

となるから, (11.3) 式の指数関数の中の $\hat{H}$ を $E_n$ でおき換えることができ,

$$\Psi(x,t) = e^{-(i/\hbar)E_n t}\psi_n(x) = e^{-i\omega_n t}\psi_n(x) \tag{11.5}$$

を得る. ここで,

$$\hbar\omega_n = E_n \tag{11.6}$$

である.

同様に, 初期波動関数がハミルトニアンの固有関数の線形結合

$$\Psi(x,0) = \sum_n c_n(0)\psi_n(x) \tag{11.7}$$

となるときには,

$$\begin{aligned}\Psi(x,t) &= \sum_n c_n(0)e^{-(i/\hbar)E_n t}\psi_n(x) \\ &= \sum_n c_n(0)e^{-i\omega_n t}\psi_n(x) \\ &= \sum_n c_n(t)\psi_n(x)\end{aligned} \tag{11.8}$$

と書くことができる. ここで,

$$c_n(t) = c_n(0)e^{-i\omega_n t} \tag{11.9}$$

とおいた.

$$|c_n(t)|^2 = |c_n(0)|^2 \tag{11.10}$$

であるから, 波動関数 $\Psi(x,t)$ が固有状態 $\psi_n(x)$ にある確率は時刻によって変

化しないことに注意しよう．

7.6 節で議論したように，一般の波動関数 $\psi(x)$ は，オブザーバブルであるハミルトニアンの固有関数 $\psi_n$ で展開することができるから，(11.7) 式の展開は任意の初期波動関数 $\Psi(x,0)$ について可能であり，そのときの展開係数は (7.77) 式に従い，

$$c_n(0) = \int_{-\infty}^{\infty} \psi_n^*(x)\Psi(x,0)dx \qquad (11.11)$$

で与えられる．すなわち，初期波動関数をハミルトニアンの固有関数で展開し，展開係数 (11.11) を求めれば，その後の波動関数の時間変化は (11.8) 式によって，展開係数の時間変化 (11.9) として求めることができる．ここに，波動関数をハミルトニアンの固有関数で展開することの大きな意味がある．

なお，ここではエネルギー固有値が離散的であると仮定したが，連続固有値をもつ場合にも，(11.7), (11.8) 式の和を積分におき換えることで同様の議論ができる．

## 11.2　自由粒子の波束

$V(x) = 0$ のとき，粒子は自由運動をする．$x$ 軸の正の向きの運動量 $p$ をもつ自由粒子のハミルトニアンの固有関数は，

$$\psi_k(x) = \frac{1}{\sqrt{2\pi}} e^{ikx} \qquad (11.12)$$

である．ここで，

$$k = \frac{p}{\hbar} = \frac{\sqrt{2mE}}{\hbar} \qquad (11.13)$$

($E, m$ は粒子のエネルギーと質量) である．いま，この粒子の波動関数の時間変化を $\Psi(x,t)$ とし，その初期波動関数を

$$\Psi(x,0) = \psi_k(x) \qquad (11.14)$$

とおくと，(11.5) 式から，

$$\Psi(x,t) = \psi_k(x)e^{-i\omega t} = \frac{1}{\sqrt{2\pi}}e^{i(kx-\omega t)} \qquad (11.15)$$

を得，$x$ 軸の正の方向に進む平面波となる．この平面波は，

$$|\Psi(x,t)|^2 = \frac{1}{2\pi} \qquad (11.16)$$

となることからわかるように，$x$ に依存せず一様な存在確率を示し，粒子の位置は不定である．

次に，$t=0$ において粒子の位置が $x_0$ に確定する状態，すなわち位置に関する固有状態

$$x\psi_{x_0}(x) = x_0\psi_{x_0}(x) \qquad (11.17)$$

を考えよう．8.4 節で議論したように，位置に関する固有状態はデルタ関数を用いて

$$\psi_{x_0}(x) = \delta(x - x_0) \qquad (11.18)$$

と書くことができる．$\Psi(x,0) = \psi_{x_0}(x)$ であったときの波動関数 $\Psi(x,t)$ の時間変化を考えよう．いま，$x_0 = 0$ として，$\psi_{x_0}(x)$ を平面波で展開すると，

$$\psi_{x_0}(x) = \delta(x) = \frac{1}{2\pi}\int_{-\infty}^{\infty} e^{ikx}\,dk \qquad (11.19)$$

であるから，

$$\begin{aligned}\Psi(x,t) &= \frac{1}{2\pi}\int_{-\infty}^{\infty} e^{i(kx-\omega t)}\,dk \\ &= \frac{1}{2\pi}\int_{-\infty}^{\infty} e^{i\{kx-(\hbar/2m)k^2 t\}}\,dk.\end{aligned} \qquad (11.20)$$

いま，$\tau = (\hbar/2m)t$ とおけば[*1]，

$$\Psi(x,\tau) = \frac{1}{2\pi}\int_{-\infty}^{\infty} e^{i(kx-k^2\tau)}\,dk \qquad (11.21)$$

---

[*1] $\tau$ は時間 $t$ に比例する量であるが，(長さ)$^2$ の次元をもつ．

## 11.2 自由粒子の波束

となる[*2)]. いま, $\tau \neq 0$ として $\kappa = (k\sqrt{\tau} - x/2\sqrt{\tau})$ とおけば,

$$\Psi(x,\tau) = \frac{1}{2\pi\sqrt{\tau}} \exp\left(\frac{ix^2}{4\tau}\right) \int_{-\infty}^{\infty} e^{-i\kappa^2} d\kappa$$
$$= \frac{1}{2\sqrt{\pi\tau}} \exp\left\{i\left(\frac{x^2}{4\tau} - \frac{\pi}{4}\right)\right\}. \tag{11.22}$$

したがって,

$$|\Psi(x,\tau)|^2 = \frac{1}{4\pi\tau} \tag{11.23}$$

を得る. すなわち, $t=0$ で $x=x_0$ に局在していた粒子は, $t \neq 0$ ではその存在確率 $|\Psi(x,\tau)|^2$ が全領域に拡がって $x$ に依存しなくなり, 単位長さあたりの存在確率は時間の経過とともに減衰してしまう.

上の議論は初期波動関数がデルタ関数という特殊なケースであるため, その時間変化はやや不自然な感じを抱かせるが, 次にもう少し実際的な, 有限の幅をもつ波動関数, 例えばガウス関数型の波束をもつ初期波動関数

$$\Psi(x,0) = \psi(x) = \frac{1}{\pi^{1/4} d^{1/2}} e^{-(x^2/2d^2)} e^{ik_0 x} \tag{11.24}$$

の時間変化を考えよう. この波束は, $t=0$ で $x=0$ を中心に幅 $d$ 程度の拡がりをもつ. この初期波動関数を平面波 $\psi_k(x)$ で展開し,

$$\Psi(x,0) = \int_{-\infty}^{\infty} c_k(0)\psi_k(x)dk. \tag{11.25}$$

すると, その展開係数 $c_k(0)$ は

$$c_k(0) = \int_{-\infty}^{\infty} \psi_k^*(x)\psi(x)dx$$
$$= \frac{d^{1/2}}{\pi^{1/4}} e^{-d^2(k-k_0)^2/2} \tag{11.26}$$

となる. したがって,

$$c_k(\tau) = \frac{d^{1/2}}{\pi^{1/4}} e^{-d^2(k-k_0)^2/2} e^{-ik^2\tau} \tag{11.27}$$

---

[*2)] 本来は $\Psi(x,t)$ とは違う記号を用いるべきであるが, 便宜上同じ記号 $\Psi$ を用いた.

である．すると，少しの計算の後に，

$$|\Psi(x,\tau)|^2 = \int_{-\infty}^{\infty}\int_{-\infty}^{\infty} c_k^*(\tau)c_{k'}(\tau)dkdk'$$
$$= \frac{d}{\pi^{1/2}d(\tau)}\exp\left\{-\frac{(x-2k_0\tau)^2}{d(\tau)^2}\right\} \qquad (11.28)$$

となることがわかる．ここで，

$$d(\tau) = d\sqrt{1+\left(\frac{2\tau}{d^2}\right)^2} \qquad (11.29)$$

である．(11.28) 式は，速度 $(\hbar/2m)2k_0 = \hbar k_0/m$ で移動するガウス型の波束を表す．さらに，その幅 $d$ が (11.29) 式のように時間とともに増加することを示している．

このように，シュレーディンガーの波動方程式

$$-\frac{\hbar^2}{2m}\frac{\partial^2}{\partial x^2}\Psi(x,t) = i\hbar\frac{\partial}{\partial t}\Psi(x,t) \qquad (11.30)$$

に従う自由粒子の波動関数の波束は，時間の経過とともに拡がっていってしまう．これは，定性的には次のように理解できる．波束にはいろいろな波数 $k$ の成分が含まれるが，シュレーディンガーの波動方程式から得られる分散関係

$$\omega = \frac{\hbar}{2m}k^2 \qquad (11.31)$$

によって群速度 $d\omega/dk$ が $k$ に依存し，$k$ の異なる部分の波束は違う速度で伝搬することになる．そのため，時間の経過とともに波束が拡がってしまうのである．ただし，(11.29) 式からわかるように，初期波動関数の拡がり $d$ に対して十分短い時間

$$2\tau \ll d^2 \qquad (11.32)$$
$$\to \quad t \ll \frac{m}{\hbar}d^2 \qquad (11.33)$$

ならば波束の拡がりは小さく，実際上無視することができる．

## 11.3 ポテンシャル障壁の透過 —トンネル効果—

9.1節で，階段ポテンシャルにおけるトンネル効果を扱った．その場合には，ポテンシャル障壁（高さ $V_0$）は $x$ 軸上の半無限区間に存在したので，エネルギー $E < V_0$ の粒子の障壁部における波動関数は障壁内部で減衰する減衰波の形をしており，障壁を通り抜ける進行波にはなりえなかった．

ここでは，図 11.1 のような，深さ $(V_0)$，幅 $(a)$ が有限な 1 次元箱形ポテンシャル障壁

$$V(x) = \begin{cases} V_0 > 0 & (0 \leq x \leq a) \\ 0 & (x < 0, x > a) \end{cases} \quad (11.34)$$

における定常状態の波動関数を求め，障壁を反対側へ通り抜けて進む進行波型のトンネル効果の様子を調べよう．このポテンシャルは，9.2節で扱った 1 次元井戸型ポテンシャルを逆さまにした形をしており，そこで行った議論と同様に，ポテンシャルを $x = 0$ について対称な形にして波動関数のパリティを分けて考えることも可能である．しかし，ここでは，$x = -\infty$ から $x$ の正の方向に進んできた平面波がポテンシャル障壁にぶつかり，それを通過して $x = +\infty$ へと進む形の解を考えよう．

$E > V_0$ の場合の波動関数の一般解は次の形になる．

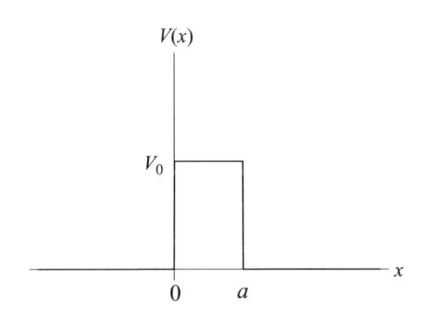

図 11.1 1 次元箱形ポテンシャル障壁

$$\psi(x) = \begin{cases} Ae^{ik_1x} + Be^{-ik_1x} & (x < 0) \\ Ce^{ik_2x} + De^{-ik_2x} & (0 \leq x \leq a) \\ Fe^{ik_1x} + Ge^{-ik_1x} & (x > a) \end{cases}. \tag{11.35}$$

$x = 0$ および $x = a$ における波動関数とその導関数の連続性より,

$$A + B = C + D, \tag{11.36}$$
$$k_2(A - B) = k_2(C - D), \tag{11.37}$$
$$Ce^{ik_2a} + De^{-ik_2a} = Fe^{ik_1a} + Ge^{-ik_1a}, \tag{11.38}$$
$$k_2(Ce^{ik_2a} - De^{-ik_2a}) = k_1(Fe^{ik_1a} - Ge^{-ik_1a}). \tag{11.39}$$

ここで,

$$k_1 = \frac{\sqrt{2mE}}{\hbar} = \sqrt{\epsilon}, \tag{11.40}$$
$$k_2 = \frac{\sqrt{2m(E - V_0)}}{\hbar} = \sqrt{\epsilon - U_0} \tag{11.41}$$

である[*3]. これらの式から $A, B, F, G$ に関する次の関係式を得る.

$$\begin{pmatrix} B \\ F \end{pmatrix} = \frac{1}{(k_1 + k_2)^2 - (k_1 - k_2)^2 e^{2ik_2a}}$$
$$\times \begin{pmatrix} (k_1^2 - k_2^2)\left(1 - e^{2ik_2a}\right) & 4k_1k_2 e^{-i(k_1 - k_2)a} \\ 4k_1k_2 e^{-i(k_1 - k_2)a} & (k_1^2 - k_2^2)\left(1 - e^{2ik_2a}\right)e^{-2ik_1a} \end{pmatrix} \begin{pmatrix} A \\ G \end{pmatrix}. \tag{11.42}$$

いま, $x > a$ では $x = +\infty$ に進む波を考えるのであるから, $G = 0$ である. このとき,

$$\frac{B}{A} = \frac{(k_1^2 - k_2^2)\left(1 - e^{2ik_2a}\right)}{(k_1 + k_2)^2 - (k_1 - k_2)^2 e^{2ik_2a}} \equiv r, \tag{11.43}$$
$$\frac{F}{A} = \frac{4k_1k_2 e^{-i(k_1 - k_2)a}}{(k_1 + k_2)^2 - (k_1 - k_2)^2 e^{2ik_2a}} \equiv t \tag{11.44}$$

---

[*3] $\epsilon, U_0$ については (9.1), (9.2) 式参照.

を得る. ここで, $r$ および $t$ は波動関数の振幅の反射率および透過率を表す. こ
れらを用いると, (11.42) 式は

$$\begin{pmatrix} B \\ F \end{pmatrix} = \begin{pmatrix} r & t \\ t & re^{-2ik_1 a} \end{pmatrix} \begin{pmatrix} A \\ G \end{pmatrix} \quad (11.45)$$

と表すことができる. ここで, 係数 $A$ および $G$ は各々左方および右方からポ
テンシャル障壁に向かう波, $B$ および $F$ はポテンシャル障壁によって反射ま
たは透過され, 各々左方および右方に遠ざかる波を表す. このポテンシャル障壁
によって粒子が反射または透過される確率を各々 $R$ および $T$ とすれば (一般に
はこれらを**反射率** (reflectivity) および**透過率** (transmittance) と呼ぶ),

$$R = |r|^2 = \frac{V_0^2 \sin^2 k_2 a}{V_0^2 \sin^2 k_2 a + 4E(E-V_0)} = \frac{\sin^2(\theta_0 \sqrt{\eta-1})}{\sin^2(\theta_0 \sqrt{\eta-1}) + 4\eta(\eta-1)}, \quad (11.46)$$

$$T = |t|^2 = \frac{4E(E-V_0)}{V_0^2 \sin^2 k_2 a + 4E(E-V_0)} = \frac{4\eta(\eta-1)}{\sin^2(\theta_0 \sqrt{\eta-1}) + 4\eta(\eta-1)} \quad (11.47)$$

となる. ここで,

$$\theta_0 = \frac{\sqrt{2mV_0}}{\hbar} a = \sqrt{U_0}\, a, \quad (11.48)$$

$$\eta = \frac{E}{V_0} = \frac{\epsilon}{U_0} \quad (11.49)$$

とおいた. (11.46), (11.47) 式より,

$$R + T = 1 \quad (11.50)$$

が成り立つことがわかる.

$E < V_0$ の場合には,

$$k_2 = \frac{\sqrt{2m(E-V_0)}}{\hbar} = \frac{i\sqrt{2m(V_0-E)}}{\hbar} = i\kappa \quad (11.51)$$

となるから, 虚数の $k_2$ を用いることで, これまでに得た式をそのまま用いるこ
とができる. また, (11.42) 式は任意の $E > 0$ に対して 2 個の線形独立な解を

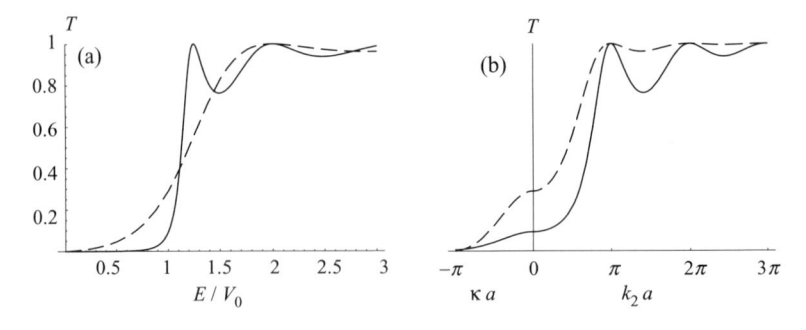

**図 11.2** 1次元箱形ポテンシャル障壁に対する透過率 $T$
(a) エネルギー $\eta = E/V_0$ に対してプロットしたもの. $\theta_0 = 2\pi$（実線）および $\pi$（破線）. (b) 同じものを $k_2 a$ および $\kappa a$ に対してプロットしたもの.

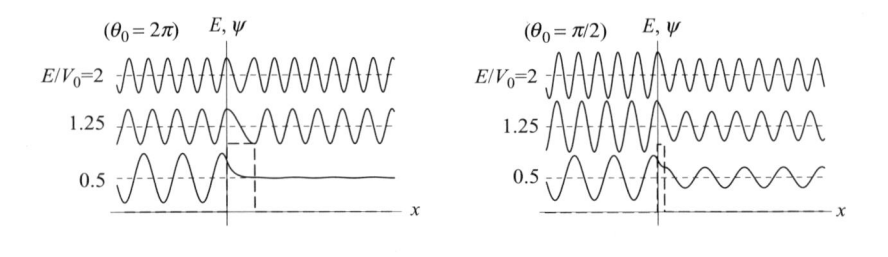

**図 11.3** 1次元箱形ポテンシャル障壁
(a) $\theta_0 = 2\pi$ および (b) $\theta_0 = \pi/2$ の下での波動関数の例. 破線はエネルギー, 曲線は定常状態の波動関数の実部. 波動関数の 0 点は各々のエネルギーに等しくなるようシフトした. $\theta_0 = 2\pi$ における $E/V_0 = 1.25$ および 2 の値は, 図 11.2 における透過率 $T$ が 1 となるエネルギーであることに注意せよ.

もち, 固有状態は縮退している（縮退度 2）. その一つが上で求めた $G = 0$ としたときの解であり, もう一つは, 例えば $A = 0$ とすることにより, $x = +\infty$ から $x$ の負の方向に平面波を入射したときの解として求めることができる.

図 11.2 は, 透過率 $T$ を粒子のエネルギー $E/V_0$ および $k_2 a$ をパラメータとしてプロットしたものである. また, いくつかのエネルギーについての波動関数の例を図 11.3 に示す. 古典的粒子は, $E < V_0$ では $T = 0$, $E > V_0$ では $T = 1$ であるが, 量子力学的粒子は $E < V_0$ でも 0 でない $T$ をもち, 古典的には透過できないポテンシャル障壁を通過する, すなわちトンネル効果を示していることがわかる. $E < V_0$ では, ポテンシャルの高さ $V_0$ あるいは厚さ $a$ が

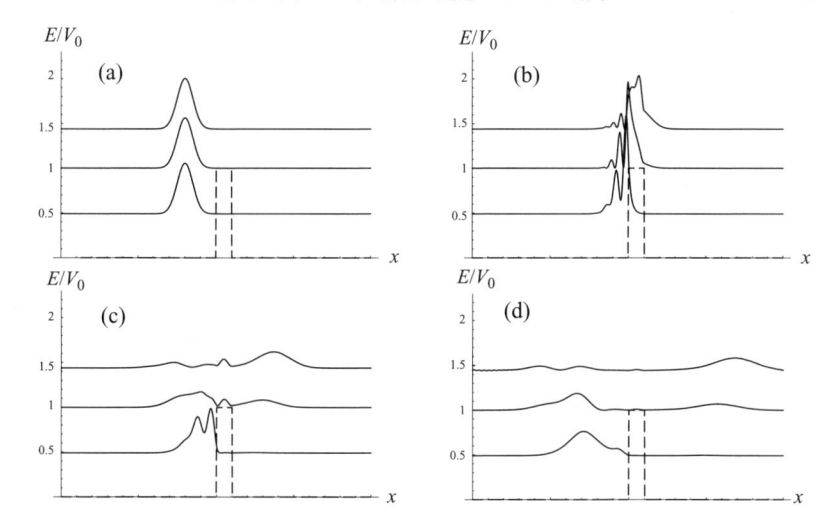

## 11.3 ポテンシャル障壁の透過 —トンネル効果—

**図 11.4** 1次元箱形ポテンシャル障壁 ($\theta_0 = 2\pi$) を通過する波束の時間変化 上から順に，$\bar{E}/V_0 = 1.44, 1, 0.49$ の平均エネルギーをもつ粒子の波束を表す．初期波束は幅 $d$ のガウス型 (11.24)．時刻は (a)→(d) の順に $\tau/d^2 = 0, 0.2, 0.4, 0.6$ である．

小さいほど $T$ が大きくなり，透過が効果的におこる．また，$E > V_0$ での振る舞いも古典的粒子とは異なり，一般に $T \leq 1$ であって，エネルギーの変化とともに $T$ が振動する傾向がみられる．これは，量子力学的粒子では，$E > V_0$ においても，ポテンシャル障壁による波動関数の部分的反射がおこるためである．図 11.2(b) からわかるように，$k_2 a = \pi, 2\pi, \ldots$ となる点では $T = 1$ となるが，これは，定性的には，ポテンシャル障壁の前面と背面からの反射波の位相が逆になって打ち消し合い，$R = 0$ となるためと考えることができる．

11.1 節で議論したように，時刻 $t = 0$ における初期波動関数 $\Psi(x, 0)$ が与えられれば，$\Psi(x, 0)$ をハミルトニアンの固有関数の線形結合を用いて $\Psi(x, t)$ を求めることが可能である．しかし，いまの場合のように，エネルギー固有値が連続スペクトルをもつ場合は，線形結合に関する和が積分となるので，$\Psi(x, t)$ の挙動を数値的に計算する際には，周期的境界条件

$$\Psi(x + L, t) = \Psi(x, t) \tag{11.52}$$

あるいは固定端境界条件

$$\Psi\left(-\frac{L}{2},t\right) = \Psi\left(\frac{L}{2},t\right) = 0 \tag{11.53}$$

などを用いて，エネルギー固有値を離散スペクトルに近似して計算する必要が生じる[*4]．

このような固有関数による展開を行わず，シュレーディンガーの波動方程式を適当な初期条件および境界条件の下で数値的に解くことも可能である．この場合には空間および時間を細かい有限の区間に区切って近似的に計算を進めていくことになるので，条件によっては誤差が大きくなることもあって注意しなければならないが，原理的には任意のポテンシャルについて波動関数 $\Psi(x,t)$ の時間発展に対する数値解を求めることができる．図 11.4 は，1 次元箱形ポテンシャル障壁をガウス型の波束が通過するときの様子を上述したような数値解法によって求めた例である．

## 11.4 調和振動子の波束 —コヒーレント状態—

10 章では，調和振動子のハミルトニアンのエネルギー固有状態を扱った．その定常状態の波動関数は (10.18) 式のような実関数 $\psi_n(q)$ で表され[*5]，問題 10.3 でみたように，その位置および運動量の期待値は共に 0 であった．これらの状態の時間変化は，

$$\begin{aligned}\Psi_n(q,t) &= \psi_n(q)\, e^{-iE_n t/\hbar} \\ &= \psi_n(q)\, e^{-i\omega_0 t(n+1/2)}\end{aligned} \tag{11.54}$$

で表されるが，これらの位置および運動量の期待値を求めると，

$$\langle q \rangle = \langle p \rangle = 0 \tag{11.55}$$

となって，粒子の位置および運動量の期待値は時間的にも変化しない量となってしまう．したがって，定常状態の波動関数そのままでは，ポテンシャル中を

---

[*4)] ここで，$L(\gg a)$ は，境界条件を定める長さである．固定端境界条件における有限の箱形ポテンシャルの問題は，問題 9.12 で調べた二重井戸ポテンシャルの問題と本質的に同じである．

[*5)] 本節では，(10.4) の変数変換を行った後の座標 $q$ を採用する．

## 11.4 調和振動子の波束 —コヒーレント状態—

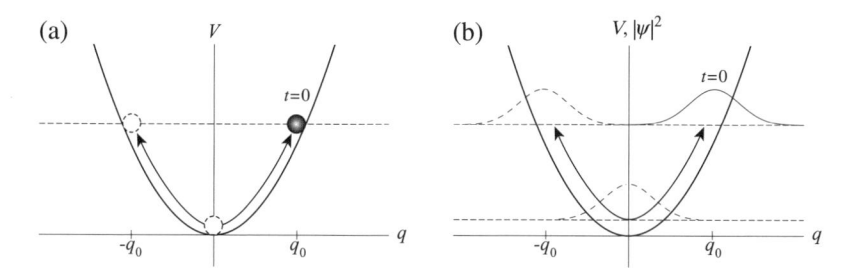

図 11.5 (a) 調和振動子ポテンシャル中の古典的粒子の運動. $t=0$ において位置 $q=q_0$, 運動量 $p=0$ であるような古典的粒子は, $-q_0 \leq q \leq q_0$ の間を振動する.
(b) 調和振動子の基底状態を $q=q_0$ にシフトした波動関数 (コヒーレント状態) の波束とその運動.

往復運動するような古典的粒子の状態を表すことはできない. 本節では, そのような古典的粒子の運動を表しうるような波動関数について考えよう.

調和振動子ポテンシャルの中の古典的粒子は, (10.2) 式で与えられる角振動数 $\omega_0$ で振動運動をする. 図 11.5(a) のように, $t=0$ において位置 $q=q_0$, 運動量 $p=0$ であるような古典的粒子の位置 $q$ および共役な運動量 $p_q = \omega_0^{-1} \dot{q}$ の時間変化は,

$$q(t) = q_0 \cos \omega_0 t, \tag{11.56}$$

$$p_q(t) = -q_0 \sin \omega_0 t \tag{11.57}$$

となって, どちらも振幅 $|q_0|$ の振動運動を行う. 次に, 図 11.5(b) に示すように, 古典粒子のかわりに調和振動子の基底状態の波動関数

$$\psi_0(q) = \frac{1}{\pi^{1/4}} e^{-q^2/2} \tag{11.58}$$

を変位 (平行移動) させた状態, $\psi_0(q-q_0)$ を考え, それについて考察しよう. ここで, 初期変位を $q_0 = \sqrt{2}\alpha$ とおく. $\alpha$ の意味は後でわかるが, ここではしばらく $\alpha$ は実数であるとし, 平行移動後の新たな波動関数を

$$\psi_{(\alpha)}(q) \equiv C\psi_0(q-\sqrt{2}\alpha) \tag{11.59}$$

とおこう ($C$ は規格化定数で, $\alpha$ が実数ならば $C=1$ である). この $\psi_{(\alpha)}$ を

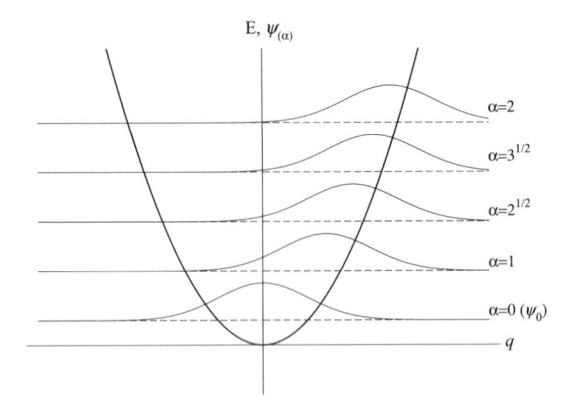

図 11.6 コヒーレント状態の波動関数 $\psi_{(\alpha)}(q)$ の例.
各波動関数の 0 点は各々のエネルギーの期待値（破線）に等しくなるようシフトした.

コヒーレント状態 (coherent state)[*6]という．いくつかの $\alpha$ の値についてのコヒーレント状態の波動関数 (11.59) の例を図 11.6 に示す．特に，$\alpha = 0$ のコヒーレント状態は基底状態 $\psi_0$ に等しい．

さて，$\psi_{(\alpha)}$ をエネルギー固有状態 $\psi_n$ の和で表してみよう．すなわち，

$$\psi_{(\alpha)} = \sum_n c_n \psi_n \tag{11.60}$$

とおき，その係数 $c_n$ を求めよう．(7.77) 式によって，$c_n$ は

$$c_n = \int_{-\infty}^{\infty} \psi_n^*(q) \psi_{(\alpha)}(q) dq \tag{11.61}$$

で与えられるが，問題 10.1 の関係式を用いると，

$$c_n = \frac{\alpha}{\sqrt{n}} c_{n-1} = \frac{\alpha^n}{\sqrt{n!}} c_0 \tag{11.62}$$

となることがわかる．規格化条件 $\int_{-\infty}^{\infty} |\psi_{(\alpha)}(q)|^2 dq = \sum_n |c_n|^2 = 1$ を用いると，$c_0$ を実数にとるとき

$$c_0 = e^{-|\alpha|^2/2} \tag{11.63}$$

---

[*6] コヒーレントとは，波としての干渉が可能な状態のことである．コヒーレント状態は可干渉な状態とも呼ばれる.

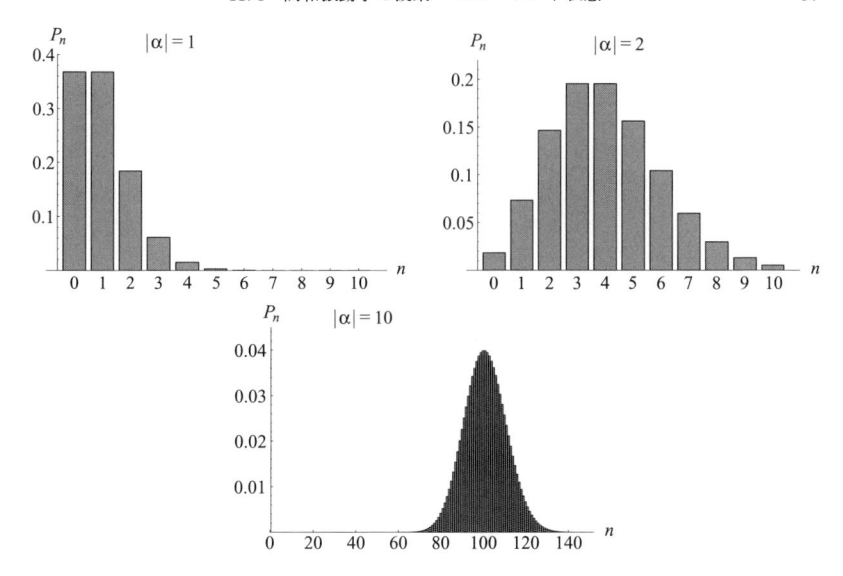

## 11.4 調和振動子の波束 —コヒーレント状態—

図 11.7 コヒーレント状態におけるエネルギー固有状態の分布

を得るから，

$$\psi_{(\alpha)}(q) = e^{-|\alpha|^2/2} \sum_n \frac{\alpha^n}{\sqrt{n!}} \psi_n(q) \tag{11.64}$$

となる．(11.64) 式は，コヒーレント状態をエネルギー固有状態で展開したものであり，その展開係数の 2 乗 $|c_n|^2$ は，系をエネルギー固有状態 $\psi_n$ にみいだす確率を表す．これを $P_n$ とすると，

$$P_n = |c_n|^2 = e^{-|\alpha|^2} \frac{|\alpha|^{2n}}{n!} \tag{11.65}$$

となって，平均値が $|\alpha|^2$ のポアソン分布（Poisson distribution）となることがわかる．図 11.7 に，コヒーレント状態 ($|\alpha|$=1, 2, 10) における $P_n$ をプロットした例を示す．

次に，コヒーレント状態にある系の時間変化を求めよう．

$$\Psi_{(\alpha)}(q,t) = \sum_n c_n \Psi_n(q,t)$$
$$= \sum_n c_n e^{-i\omega_0 t(n+1/2)} \psi_n(q)$$
$$= e^{-|\alpha|^2/2} \sum_n \frac{\alpha^n}{\sqrt{n!}} e^{-i\omega_0 t(n+1/2)} \psi_n(q)$$
$$= e^{-i\omega_0 t/2} e^{-|\alpha|^2/2} \sum_n \frac{(\alpha e^{-i\omega_0 t})^n}{\sqrt{n!}} \psi_n(q). \quad (11.66)$$

ここで，$\psi_{(\alpha)}(q)$ の展開式 (11.64) を複素数のパラメータ $\tilde{\alpha} \equiv \alpha e^{-i\omega_0 t}$ を許すように拡張すれば，

$$\Psi_{(\alpha)}(q,t) = e^{-i\omega_0 t/2} \psi_{(\tilde{\alpha})}(q) \quad (11.67)$$

と書くことができる．$\tilde{\alpha}$ が複素数のとき (11.59) 式の規格化定数 $C$ は

$$|C| = e^{-(\operatorname{Im}\tilde{\alpha})^2} \quad (11.68)$$

となる．さて，コヒーレント状態 (11.67) に従って運動する粒子の位置 $q$ および共役な運動量 $\hat{p}_q = -i\partial/\partial q$ の期待値を求めよう．

$$\begin{aligned}
\langle q \rangle &= \int_{-\infty}^{\infty} \Psi_{(\alpha)}(q,t)^* q \Psi_{(\alpha)}(q,t) \\
&= \int_{-\infty}^{\infty} \psi_{(\tilde{\alpha})}(q)^* q \psi_{(\tilde{\alpha})}(q) \\
&= \sqrt{2}\,\operatorname{Re}\tilde{\alpha} \\
&= q_0 \cos\omega_0 t, \quad (11.69)
\end{aligned}$$

$$\begin{aligned}
\langle p_q \rangle &= -i \int_{-\infty}^{\infty} \Psi_{(\alpha)}(q,t)^* \frac{\partial}{\partial q} \Psi_{(\alpha)}(q,t) \\
&= -i \int_{-\infty}^{\infty} \psi_{(\tilde{\alpha})}(q)^* \frac{\partial}{\partial q} \psi_{(\tilde{\alpha})}(q) \\
&= \sqrt{2}\,\operatorname{Im}\tilde{\alpha} \\
&= -q_0 \sin\omega_0 t. \quad (11.70)
\end{aligned}$$

これらは，古典的調和振動子の運動 (11.56), (11.57) と一致する．その意味で，コヒーレント状態は，古典的調和振動子の運動を表す量子状態であることがわかる．また，コヒーレント状態は基底状態と同じガウス関数型の波束をもち，波束の形を変えずにその重心のみが運動する（問題 11.6）．したがって，その粒子の位置や運動量の間には，基底状態と同様に

$$\Delta q \Delta p_q = \frac{1}{2} \tag{11.71}$$

の最小不確定性関係が存在する．コヒーレント状態とは，その位置や運動量の期待値が古典的調和振動子の運動と一致し，それらの間に最小不確定性を保ったまま形を変えずに運動するガウス型の波束であるということができる[*7]．

このように，ハミルトニアンの固有状態そのものでは粒子の古典的運動を表すことはできないが，それらの適切な線形結合を考えることで，古典的運動に対応するような波束を作り出すことができる．

## 演 習 問 題

**11.1** 質量 1 g の粒子が $t=0$ において幅 $d=1\,\mu\text{m}$ の範囲に拡がった波束をもっていたとき，波束の拡がりが無視できなくなる時間 $t$ を概算せよ．また，同じことを幅 $d=1\,\text{nm}$ の範囲に拡がった波束をもつ電子 ($m \sim 9 \times 10^{-31}\,\text{kg}$) について求めよ．

**11.2** シュレーディンガーの波動方程式のかわりに，古典的波動方程式 (6.10) を考えよう．この方程式に従う波束は時間が経過しても形を変えずに伝搬することを示せ．

**11.3** 問題 10.1 の関係式を用いて，(11.62) 式を示せ．また，規格化条件を用いて (11.63) 式を示せ．また，$n=0$ について (11.61) 式の積分を実行して (11.68) 式を示せ．

**11.4** (11.69), (11.70) 式を示せ．

**11.5** コヒーレント状態における，運動エネルギー $\hat{K} = (\hbar\omega_0/2)\hat{p}_q^2$，位置エネルギー $\hat{V} = (\hbar\omega_0/2)q^2$，および全エネルギー $\hat{H} = (\hbar\omega_0/2)(\hat{p}_q^2 + q^2)$ の期待値の時間変化を求めよ．

**11.6** コヒーレント状態における時刻 $t$ における波束 $|\Psi_{(\alpha)}(q,t)|^2$ が

$$|\Psi_{(\alpha)}(q,t)|^2 = \frac{1}{\sqrt{\pi}} e^{-(q-\langle q \rangle)^2}$$

となることを示せ．ここで，$\langle q \rangle$ は (11.69) 式で与えられている．

---

[*7] 自由粒子の波束が時間とともに幅が広くなっていき，形を変えずに存在することができなかったことと対照的である．

# 演習問題解答

## 第1章

**1.1** 定在波の振動モードは，$x, y, z$ 方向それぞれに，波数 $|k| = 2\pi/\lambda$ が $\pi/L$ 増えるごとに1個ずつ増える．したがって $|k| = 0 \sim 2\pi/\lambda$ の間にある振動モード数 $N$ は，半径 $2\pi/\lambda$ の球の体積の $1/8$ を $(\pi/L)^3$ で割った $N = L^3 (4\pi/3\lambda^3)$ 個である．$c = \nu\lambda$ を使って $\lambda$ を $\nu$ に書き直すと，$\nu$ と $\nu + d\nu$ の間にある単位体積あたりの波の数は，

$$n(\nu)d\nu = \frac{1}{V}\frac{dN}{d\nu}d\nu = \frac{4\pi\nu^2}{c^3}d\nu \tag{A.1}$$

となる．

**1.2** グラフは図 A.1 のようになる．ピークを与える周波数を温度に対してプロットすると直線関係が得られる．

**1.3** $U$ を計算すると

$$U = \int_0^\infty g(\nu)d\nu = \frac{8\pi}{c^3 h^3}k^4 T^4 \int_0^\infty \frac{x^3}{e^x - 1}dx = \frac{8\pi}{c^3 h^3}k^4 T^4 \frac{\pi^4}{15} \tag{A.2}$$

よって $\sigma = (1/4)\alpha c = (1/4)c(8\pi/c^3 h^3)k^4(\pi^4/15) = 5.67 \times 10^{-8}\,\mathrm{W/m^2 K^4}$ を得る．

**1.4** 地球の半径を $R$，太陽からの入射エネルギー密度を $J = 1367\,\mathrm{W/m^2}$ とする

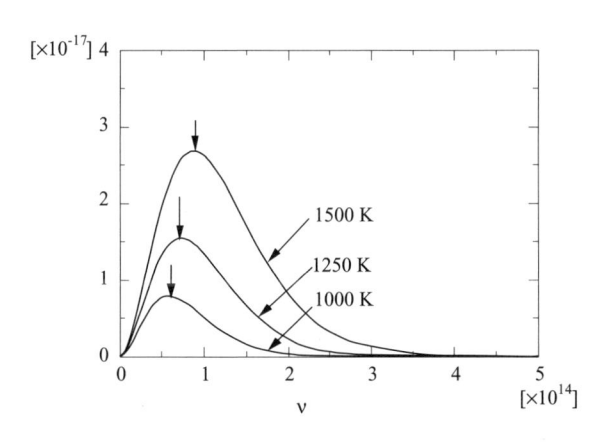

図 **A.1** 黒体輻射スペクトル

と，$\pi R^2 J = 4\pi R^2 \sigma T^4$ より，

$$T = \left(\frac{J}{4\sigma}\right)^{1/4} = 279\,\text{K} \tag{A.3}$$

を得る．

**1.5** 系のエネルギー平均値は

$$\langle E \rangle = \sum_{n=0}^{\infty} P_n E_n = \sum_{n=0}^{\infty} A e^{-n\varepsilon/kT} n\varepsilon = \frac{\sum_{n=0}^{\infty} e^{-n\varepsilon/kT} n\varepsilon}{\sum_{n=0}^{\infty} e^{-n\varepsilon/kT}} \tag{A.4}$$

で与えられる．ただし $A$ は規格化条件 $1 = \sum_{n=0}^{\infty} P_n = \sum_{n=0}^{\infty} A e^{-n\varepsilon/kT} = A \sum_{n=0}^{\infty} e^{-n\varepsilon/kT}$ から求められる．さらに $\langle E \rangle = \{-d/d(1/kT)\} \log\left(\sum_{n=0}^{\infty} e^{-n\varepsilon/kT}\right)$ に注意すると，$\langle E \rangle$ として

$$\begin{aligned}\langle E \rangle &= -\frac{d}{d(1/kT)} \log\left(\frac{1}{1 - e^{-\varepsilon/kT}}\right) \\ &= \frac{d}{d(1/kT)} \log\left(1 - e^{-\varepsilon/kT}\right) \\ &= \frac{\varepsilon e^{-\varepsilon/kT}}{1 - e^{-\varepsilon/kT}} = \frac{\varepsilon}{e^{\varepsilon/kT} - 1}\end{aligned} \tag{A.5}$$

を得る．

**1.6** ピークを与える周波数 $\nu_m$ を用いて $h\nu_m/kT = x$ とするとき，$x$ は $(3-x)e^x = 3$ の解であり，定数である．したがって $\nu_m$ は $T$ に比例する．$h\nu/kT \ll 1$ のとき，$e^{h\nu/kT} - 1 \cong 1 + (h\nu/kT) - 1 = h\nu/kT$ となるから，プランクの式はレーリー–ジーンズの赤の公式となる．また $h\nu/kT \gg 1$ のとき，プランクの式の分母の 1 は無視でき，ウィーンの青の公式になる．

## 第 2 章

**2.1** $mc^2 \gg cp$ より $E \cong mc^2 + p^2/2m$ を得る．

**2.2** 入射 X 線の方向を $x$ 方向，散乱電子の運動量を $\boldsymbol{P}_e$，散乱 X 線の波数方向単位ベクトルを $\boldsymbol{e}_{ph}$ とすると，エネルギー保存則より

$$mc^2 + h\nu = \sqrt{m^2 c^4 + c^2 P_e^2} + h\nu' \tag{A.6}$$

運動量保存則より

$$\frac{h\nu}{c} \boldsymbol{e}_x = \boldsymbol{P}_e + \frac{h\nu'}{c} \boldsymbol{e}_{ph} \tag{A.7}$$

を得る．そこで (A.6) 式より $|\boldsymbol{P}_e| = P_e$ を求め，(A.7) 式に代入すると与式を得る．

## 第3章

**3.1**
1) 負電荷 $-e$ が感じる電界は，ガウスの定理より，半径 $r\,(<a)$ の球内に存在する正電荷がすべて原点に集中したときに生じる電界に等しい．したがって，電子の運動方程式として

$$m\frac{d^2 r}{dt^2} = -\frac{e^2}{4\pi\varepsilon_0 a^3}r \tag{A.8}$$

を得る．ここに $\varepsilon_0$ は真空の誘電率である．(A.8) 式は振動角周波数 $\omega = e/\sqrt{4\pi\varepsilon_0 m a^3}$ の単振動を表す．

2) この単振動の発する光の波長は $\lambda = c/\nu = 2\pi c/\omega = 0.12\,\mu\mathrm{m}$ となる．

## 第4章

**4.1** 省略

**4.2** 方程式の解は $x = A\sin(\omega t + \alpha)$ となるので，作用積分として

$$J = \oint p\,dx = \int_0^T mA\omega\cos(\omega t + \alpha)A\omega\cos(\omega t + \alpha)dt = \frac{2\pi E}{\omega} = \frac{E}{\nu} \tag{A.9}$$

を得る．

## 第5章

**5.1** 図 A.2 のように，領域 I にある点 $A(x_1, y_1)$ から領域 II にある点 $B(x_2, y_2)$ へ，点 $P(x, 0)$ で境界 $y = 0$ を横切って光が伝播する場合を考える．光速は領域 I では $c_1$，領域 II では $c_2$ であるとする．伝播時間 $T$ は

$$T = \frac{\sqrt{(x_1 - x)^2 + y_1^2}}{c_1} + \frac{\sqrt{(x - x_2)^2 + y_2^2}}{c_2} \tag{A.10}$$

となる．$T$ を $x$ で微分して 0 とおくと $\sin\theta_1/c_1 = \sin\theta_2/c_2$ を得る．これはスネルの法則に他ならない．

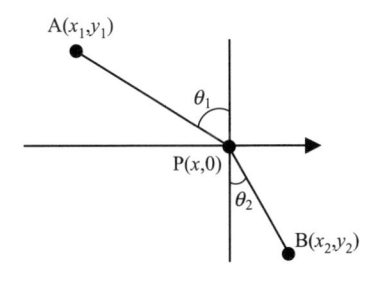

図 **A.2** 界面を横切る光の屈折

**5.2** 位相速度 $v_p$, 群速度 $v_g$ はそれぞれ $v_p = E/p = \sqrt{m^2c^4 + c^2p^2}/p$, $v_g = dE/dp = c^2p/\sqrt{m^2c^4 + c^2p^2}$ と表されるので, $v_p v_g = c^2$ である.

**5.3** 波長 $\lambda$ の電子波を用いると, ボーアの定常状態は

$$2\pi r = n\lambda \tag{A.11}$$

と表され, 電子の運動量は

$$p = \frac{2\pi\hbar}{\lambda} = \frac{n\hbar}{r} \tag{A.12}$$

となる. したがって電子の全エネルギーとして

$$E = \frac{p^2}{2m} - \frac{1}{4\pi\varepsilon_0}\frac{e^2}{r} = \frac{n^2\hbar^2}{2mr^2} - \frac{1}{4\pi\varepsilon_0}\frac{e^2}{r} \tag{A.13}$$

を得る. $E$ を最低にする電子半径は, $E$ を $r$ で微分して 0 とおき, $r = (4\pi\varepsilon_0\hbar^2/me^2)n^2$, $E = -\{me^4/2(4\pi\varepsilon_0)^2\hbar^2\}(1/n^2)$ を得る.

**5.4** 光子および電子の分散関係はそれぞれ,

$$E = cp = \frac{c(2\pi\hbar)}{\lambda}, \qquad E = \frac{p^2}{2m} = \frac{(2\pi\hbar)^2}{2m\lambda^2} \tag{A.14}$$

と与えられる. これらを $\lambda$ について解くとそれぞれ

$$\lambda = \frac{c(2\pi\hbar)}{E} = \frac{1.24}{E(\mathrm{eV})} \times 10^{-6}\,\mathrm{m}, \qquad \lambda = \frac{2\pi\hbar}{\sqrt{2m}}\frac{1}{\sqrt{E}} = \frac{1.23}{\sqrt{E(\mathrm{eV})}} \times 10^{-9}\,\mathrm{m} \tag{A.15}$$

となるので, 与式を得る.

# 第 6 章

**6.1** 方程式

$$-\frac{\hbar^2}{2m}\frac{\partial^2 u}{\partial x^2} = i\hbar\frac{\partial u}{\partial t} \tag{A.16}$$

の両辺の複素共役をとると,

$$\left(-\frac{\hbar^2}{2m}\frac{\partial^2 u}{\partial x^2}\right)^* = -i\hbar\left(\frac{\partial u}{\partial t}\right)^*$$
$$\Leftrightarrow \frac{\hbar^2}{2m}\frac{\partial^2 u^*}{\partial x^2} = i\hbar\frac{\partial u^*}{\partial t} \tag{A.17}$$

が成り立つ. いま, $u$ を実数と仮定すると, $u = u^*$ より (A.17) 式は,

$$\frac{\hbar^2}{2m}\frac{\partial^2 u}{\partial x^2} = i\hbar\frac{\partial u}{\partial t}. \tag{A.18}$$

(A.16),(A.18) 式を比較すると,

$$-\frac{\partial^2 u}{\partial x^2} = \frac{\partial^2 u}{\partial x^2}, \qquad (A.19)$$

$$\therefore \frac{\partial^2 u}{\partial x^2} = 0 \qquad (A.20)$$

が成立する. すなわち (A.16) 式は,

$$\frac{\partial^2 u}{\partial x^2} = \frac{\partial u}{\partial t} = 0 \qquad (A.21)$$

以外の実解はもたない.

**6.2** $u(x,t)$ が解である場合,

$$v^2 \frac{\partial^2}{\partial x^2} u(x,t) = \frac{\partial^2}{\partial t^2} u(x,t). \qquad (A.22)$$

いま, $t' \equiv -t$ を考えると,

$$\frac{\partial}{\partial t} = \frac{\partial t'}{\partial t}\frac{\partial}{\partial t'} = -\frac{\partial}{\partial t'}. \qquad (A.23)$$

これらを 式 (A.22) に代入し,

$$v^2 \frac{\partial^2}{\partial x^2} u(x,-t') = \left(-\frac{\partial}{\partial t'}\right)^2 u(x,-t')$$

$$\Leftrightarrow \quad v^2 \frac{\partial^2}{\partial x^2} u(x,-t') = \frac{\partial^2}{\partial t'^2} u(x,-t'). \qquad (A.24)$$

よって, $u(x,-t)$ は波動方程式 (A.22) の解である.

さらに,

$$-\frac{\hbar^2}{2m}\frac{\partial^2}{\partial x^2} u(x,t) = i\hbar \frac{\partial}{\partial t} u(x,t) \qquad (A.25)$$

についても $t'$ で置き換えると,

$$-\frac{\hbar^2}{2m}\frac{\partial^2}{\partial x^2} u(x,-t') = -i\hbar \frac{\partial}{\partial t'} u(x,-t'). \qquad (A.26)$$

両辺の複素共役をとると,

$$-\frac{\hbar^2}{2m}\frac{\partial^2}{\partial x^2} u^*(x,-t') = i\hbar \frac{\partial}{\partial t'} u^*(x,-t'). \qquad (A.27)$$

よって, $u^*(x,-t)$ が (A.25) の解となる.

**6.3** $u(x,t)$ が解である場合,

$$-\frac{\hbar^2}{2m}\frac{\partial^2}{\partial x^2} u = i\hbar \frac{\partial}{\partial t} u. \qquad (A.28)$$

$u = e^{i(kx-\omega t)}$ を代入すると,

$$\frac{\hbar^2 k^2}{2m} e^{i(kx-\omega t)} = \hbar\omega e^{i(kx-\omega t)},$$

$$\therefore\ \omega = \frac{\hbar k^2}{2m}. \tag{A.29}$$

位相速度 $v_p$, 群速度 $v_g$ はそれぞれ

$$v_p = \frac{\omega}{k} = \frac{\hbar}{2m} k = \frac{p}{2m}, \tag{A.30}$$

$$v_g = \frac{d\omega}{dk} = \frac{\hbar}{m} k = \frac{p}{m}. \tag{A.31}$$

**6.4**

$$\Psi(\bm{r},t) = A e^{i(\bm{k}\cdot\bm{r}-\omega t)} \tag{A.32}$$

より,

$$-\frac{\hbar^2}{2m}\nabla^2 \Psi(\bm{r},t) = -\frac{A\hbar^2}{2m}\left(\frac{\partial^2}{\partial x^2} + \frac{\partial^2}{\partial y^2} + \frac{\partial^2}{\partial z^2}\right) e^{i(k_x x + k_y y + k_z z - \omega t)}$$

$$= \frac{A\hbar^2}{2m}\left(k_x^2 + k_y^2 + k_z^2\right) e^{i(\bm{k}\cdot\bm{r}-\omega t)}$$

$$= \frac{A\hbar^2}{2m}|\bm{k}|^2 e^{i(\bm{k}\cdot\bm{r}-\omega t)}. \tag{A.33}$$

一方,

$$i\hbar\frac{\partial}{\partial t}\Psi(r,t) = i\hbar\frac{\partial}{\partial t} A e^{i(\bm{k}\cdot\bm{r}-\omega t)}$$

$$= A\hbar\omega e^{i(\bm{k}\cdot\bm{r}-\omega t)}. \tag{A.34}$$

(A.33),(A.34) 式を比較し,

$$\frac{\hbar|\bm{k}|^2}{2m} = \omega \tag{A.35}$$

のとき, $\Psi(\bm{r},t)$ はシュレディンガー方程式の解である.

**6.5** 条件より,

$$\left(-\frac{\hbar^2}{2m}\nabla^2 + V\right)\psi(\bm{r}) = E\psi(\bm{r}). \tag{A.36}$$

両辺の複素共役をとると,

$$\left\{\left(-\frac{\hbar^2}{2m}\nabla^2 + V\right)\psi(\bm{r})\right\}^* = (E\psi(\bm{r}))^*$$
$$\Leftrightarrow \left(-\frac{\hbar^2}{2m}\nabla^2\psi\right)^* + V\psi^*(\bm{r}) = E\psi^*(\bm{r})$$
$$\Leftrightarrow -\frac{\hbar^2}{2m}\nabla^2\psi^* + V\psi^*(\bm{r}) = E\psi^*(\bm{r}). \tag{A.37}$$

したがって，$\psi^*(\bm{r})$ もまた同じ固有値に属する固有関数である．さらに，

$$\psi(\bm{r}) + \psi^*(\bm{r}) = 2\mathrm{Re}\,\psi(\bm{r}) \tag{A.38}$$

も (A.36) 式の解となるから，解として実関数を選ぶことができる．

**6.6**

$$\int |\Psi(x,t)|^2 d\bm{r} = \int_{-\infty}^{\infty} e^{(x-x_0)^2/\sigma^2} dx$$
$$= \sqrt{\pi}\sigma. \tag{A.39}$$

したがって，

$$|C| = \left(\sqrt{\pi}\sigma\right)^{-1/2}, \tag{A.40}$$
$$C = \left(\sqrt{\pi}\sigma\right)^{-1/2} e^{-i\theta} \quad (\theta：任意定数). \tag{A.41}$$

以上より，

$$\Psi_0(x,t) = \left(\sqrt{\pi}\sigma\right)^{-1/2} e^{-(x-x_0)^2/2\sigma^2 - i(\omega t + \theta)}, \tag{A.42}$$
$$|\Psi_0(x,t)|^2 = \left(\sqrt{\pi}\sigma\right)^{-1} e^{-(x-x_0)^2/\sigma^2}. \tag{A.43}$$

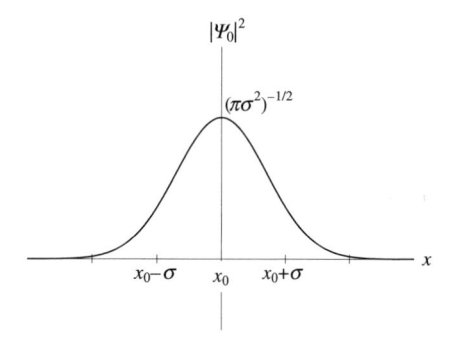

図 **A.3** (A.43) 式の確率密度のグラフ

## 第7章

**7.1**

$$\langle x \rangle = \int_{-\infty}^{\infty} \Psi^* x \Psi dx$$
$$= \left(\sqrt{\pi}\sigma\right)^{-1} \int_{-\infty}^{\infty} e^{(x-x_0)^2/2\sigma^2 + i(\omega t + \theta)} x e^{-(x-x_0)^2/2\sigma^2 - i(\omega t + \theta)} dx$$
$$= \left(\sqrt{\pi}\sigma\right)^{-1} \int_{-\infty}^{\infty} x e^{-(x-x_0)^2/\sigma^2} dx$$
$$= \left(\sqrt{\pi}\sigma\right)^{-1} \int_{-\infty}^{\infty} (x + x_0) e^{-x^2/\sigma^2} dx$$
$$= x_0. \tag{A.44}$$

$$\langle p \rangle = \int_{-\infty}^{\infty} \Psi^* p \Psi dx$$
$$= \left(\sqrt{\pi}\sigma\right)^{-1} \int_{-\infty}^{\infty} e^{-(x-x_0)^2/2\sigma^2 + i(\omega t + \theta)} \frac{\hbar}{i} \frac{\partial}{\partial x} e^{-(x-x_0)^2/2\sigma^2 - i(\omega t + \theta)} dx$$
$$= \frac{\hbar}{i} \left(\sqrt{\pi}\sigma\right)^{-1} \int_{-\infty}^{\infty} e^{-(x-x_0)^2/2\sigma^2} \left(-\frac{x-x_0}{\sigma^2}\right) e^{-(x-x_0)^2/2\sigma^2} dx$$
$$= -\frac{\hbar}{i} \left(\sqrt{\pi}\sigma\right)^{-1} \int_{-\infty}^{\infty} \left(\frac{x-x_0}{\sigma^2}\right) e^{-(x-x_0)^2/\sigma^2} dx$$
$$= 0. \tag{A.45}$$

$$\langle K \rangle = \int_{-\infty}^{\infty} \Psi^* \left(\frac{p^2}{2m}\right) \Psi dx$$
$$= -\left(\sqrt{\pi}\sigma\right)^{-1} \int_{-\infty}^{\infty} e^{-(x-x_0)^2/2\sigma^2 + i(\omega t + \theta)} \frac{\hbar^2}{2m} \frac{\partial^2}{\partial x^2} e^{-(x-x_0)^2/2\sigma^2 - i(\omega t + \theta)} dx$$
$$= -\frac{\hbar^2}{2m} \left(\sqrt{\pi}\sigma\right)^{-1} \int_{-\infty}^{\infty} \left(-\frac{1}{\sigma^2} + \frac{(x-x_0)^2}{\sigma^4}\right) e^{-(x-x_0)^2/\sigma^2} dx$$
$$= -\frac{\hbar^2}{2m} \left(\sqrt{\pi}\sigma\right)^{-1} \left(-\frac{1}{\sigma}\sqrt{\pi} + \frac{1}{2\sigma}\sqrt{\pi}\right)$$
$$= \frac{\hbar^2}{2m} \frac{1}{2\sigma^2} = \frac{\hbar^2}{4m\sigma^2}. \tag{A.46}$$

**7.2**

$$\langle K \rangle = \int_{-\infty}^{\infty} \psi^* \left(-\frac{p^2}{2m}\right) \psi\, dx$$

$$= -\frac{\hbar^2}{2m} \int_{-\infty}^{\infty} \psi^* \frac{\partial^2}{\partial x^2} \psi\, dx$$

$$= -\frac{\hbar^2}{2m} \left\{ \left[\psi^* \frac{\partial \psi}{\partial x}\right]_{-\infty}^{\infty} - \int_{-\infty}^{\infty} \frac{\partial \psi^*}{\partial x} \frac{\partial \psi}{\partial x} dx \right\}. \quad \text{(A.47)}$$

ここで, $x \to \pm\infty$ で $\psi \to 0$ であるから,

$$\left[\psi^* \frac{\partial \psi}{\partial x}\right]_{-\infty}^{\infty} = 0,$$

$$\therefore\ \langle K \rangle = \frac{\hbar^2}{2m} \int_{-\infty}^{\infty} \frac{\partial \psi^*}{\partial x} \frac{\partial \psi}{\partial x} dx = \frac{\hbar^2}{2m} \int_{-\infty}^{\infty} \left|\frac{\partial \psi}{\partial x}\right|^2 dx \geq 0. \quad \text{(A.48)}$$

以上の結果を用いると,

$$\langle H \rangle = \int_{-\infty}^{\infty} \psi^* \left(-\frac{p^2}{2m} + V(x)\right) \psi\, dx$$

$$\geq \int_{-\infty}^{\infty} \psi^* V(x) \psi\, dx$$

$$= \int_{-\infty}^{\infty} V(x) |\psi|^2 dx$$

$$\geq \int_{-\infty}^{\infty} V_0 |\psi|^2 dx = V_0 \int_{-\infty}^{\infty} |\psi|^2 dx = V_0. \quad \text{(A.49)}$$

したがって,

$$E \geq V_0. \quad \text{(A.50)}$$

**7.3**

$$\frac{\partial \Psi(x,t)}{\partial t} = \frac{1}{i\hbar} \left(-\frac{\hbar^2}{2m} \frac{\partial^2}{\partial x^2} + V(x)\right) \Psi(x,t) = \frac{1}{i\hbar} \hat{H} \Psi(x,t). \quad \text{(A.51)}$$

両辺の複素共役をとると,

$$\frac{\partial \Psi^*(x,t)}{\partial t} = -\frac{1}{i\hbar} \hat{H} \Psi^*(x,t). \quad \text{(A.52)}$$

よって

$$\frac{\partial}{\partial t}\langle\Psi|\Psi\rangle = \frac{\partial}{\partial t}\int \Psi^*\Psi dx$$
$$= \int\left\{\left(\frac{\partial}{\partial t}\Psi^*\right)\Psi + \Psi^*\left(\frac{\partial}{\partial t}\Psi\right)\right\}dx$$
$$= \frac{1}{i\hbar}\int\left\{\Psi^*\hat{H}\Psi - \Psi\hat{H}\Psi^*\right\}dx. \tag{A.53}$$

ここで

$$\int\left\{\Psi^*\hat{H}\Psi - \Psi\hat{H}\Psi^*\right\}dx$$
$$= -\frac{\hbar^2}{2m}\int\left\{\Psi^*\frac{\partial^2}{\partial x^2}\Psi - \Psi\frac{\partial^2}{\partial x^2}\Psi^*\right\}dx$$
$$= -\frac{\hbar^2}{2m}\left\{\left[\Psi^*\frac{\partial\Psi}{\partial x}\right]_{-\infty}^{\infty} - \int\frac{\partial\Psi^*}{\partial x}\frac{\partial\Psi}{\partial x}dx - \left[\Psi\frac{\partial\Psi^*}{\partial x}\right]_{-\infty}^{\infty} + \int\frac{\partial\Psi}{\partial x}\frac{\partial\Psi^*}{\partial x}dx\right\}. \tag{A.54}$$

$x \to \pm\infty$ で $\Psi \to 0$ であるから,

$$\left[\Psi^*\frac{\partial\Psi}{\partial x}\right]_{-\infty}^{\infty} = \left[\Psi\frac{\partial\Psi^*}{\partial x}\right]_{-\infty}^{\infty} = 0,$$
$$\therefore \int\left\{\Psi^*\hat{H}\Psi - \Psi\hat{H}\Psi^*\right\}dx = 0. \tag{A.55}$$

以上より,

$$\frac{\partial}{\partial t}\langle\Psi|\Psi\rangle = 0 \tag{A.56}$$

となり, 波動関数 $\Psi$ のノルムは時間変化しない.

**7.4**

$$\hat{A}\psi = \lambda_A\psi, \tag{A.57}$$

$$\langle\psi|\hat{A}\psi\rangle = \langle\psi|\lambda_A\psi\rangle$$
$$= \lambda_A\langle\psi|\psi\rangle$$
$$= \lambda_A, \tag{A.58}$$

$$\langle\hat{A}\psi|\psi\rangle = \langle\lambda_A\psi|\psi\rangle$$
$$= \lambda_A^*\langle\psi|\psi\rangle$$
$$= \lambda_A^*. \tag{A.59}$$

$\hat{A}$ はエルミート演算子なので,

$$\langle\psi|\hat{A}\psi\rangle = \langle\hat{A}\psi|\psi\rangle, \tag{A.60}$$

$$\therefore \lambda_A = \lambda_A^*. \tag{A.61}$$

以上より, $\lambda_A$ は実数である.

**7.5**

1)
$$(\hat{A} + \hat{A}^\dagger)^\dagger = \hat{A}^\dagger + (\hat{A}^\dagger)^\dagger$$
$$= \hat{A}^\dagger + \hat{A}, \tag{A.62}$$

$$\left\{i(\hat{A} - \hat{A}^\dagger)\right\}^\dagger = -i\left(\hat{A}^\dagger - (\hat{A}^\dagger)^\dagger\right)$$
$$= (-i\hat{A}^\dagger + i\hat{A})$$
$$= i(\hat{A} - \hat{A}^\dagger). \tag{A.63}$$

以上より, $\hat{A} + \hat{A}^\dagger$ および $i(\hat{A} - \hat{A}^\dagger)$ はエルミート演算子である.

2)
$$\int f^*(\hat{A}\hat{B})^\dagger g\,d\boldsymbol{r} = \int (\hat{A}\hat{B}f)^* g\,d\boldsymbol{r}$$
$$= \int (\hat{B}f)^* \hat{A}^\dagger g\,d\boldsymbol{r}$$
$$= \int f^* \hat{B}^\dagger \hat{A}^\dagger g\,d\boldsymbol{r}. \tag{A.64}$$

$$\therefore \quad (AB)^\dagger = \hat{B}^\dagger \hat{A}^\dagger. \tag{A.65}$$

**7.6**

$$\int f^* x^\dagger g\,dx = \int (xf)^* g\,dx$$
$$= \int x f^* g\,dx$$
$$= \int f^* x g\,dx. \tag{A.66}$$

$$\therefore \quad x^\dagger = x, \tag{A.67}$$

$$\int f^* \hat{p}^\dagger g \, dx = \int (\hat{p}f)^* g \, dx$$
$$= \int \left( \frac{\hbar}{i} \frac{d}{dx} f \right)^* g \, dx$$
$$= \int \left( -\frac{\hbar}{i} \frac{d}{dx} f^* \right) g \, dx$$
$$= \left[ -\frac{\hbar}{i} f^* g \right]_{-\infty}^{\infty} + \frac{\hbar}{i} \int f^* \frac{d}{dx} g \, dx$$
$$= \int f^* \hat{p} g \, dx \tag{A.68}$$

$$\therefore \quad \hat{p}^\dagger = \hat{p}, \tag{A.69}$$

$$\left( \frac{\hat{p}^2}{2m} \right)^\dagger = \frac{1}{2m} (\hat{p}\hat{p})^\dagger$$
$$= \frac{1}{2m} \hat{p}^\dagger \hat{p}^\dagger$$
$$= \frac{1}{2m} \hat{p}\hat{p}$$
$$= \frac{\hat{p}^2}{2m}. \tag{A.70}$$

以上より，$x, \hat{p}, \hat{p}^2/2m$ はエルミート演算子である．

**7.7**
$$e^{i\hat{A}} \left( e^{i\hat{A}} \right)^\dagger = 1 \tag{A.71}$$

を示せばよい．$\hat{A}$ はエルミート演算子だから，

$$\left( e^{i\hat{A}} \right)^\dagger = e^{-i\hat{A}^\dagger} = e^{-i\hat{A}}, \tag{A.72}$$

$$\therefore \quad e^{i\hat{A}} \left( e^{i\hat{A}} \right)^\dagger = e^{i\hat{A}} e^{-i\hat{A}} = 1. \tag{A.73}$$

**7.8** 運動量演算子は

$$\hat{p} = -i\hbar \frac{\partial}{\partial x} \tag{A.74}$$

である．運動量の固有値を $p$，その固有関数を $\psi_p(x)$ とすると，固有値方程式は

$$-i\hbar \frac{\partial}{\partial x} \psi_p(x) = p \psi_p(x). \tag{A.75}$$

その解は
$$\psi_p(x) = Ce^{(i/\hbar)px} \tag{A.76}$$

あるいは，$p = \hbar k$ とおいて
$$\psi_p(x) = Ce^{ikx} \tag{A.77}$$

である．ここで，$C$ は任意の定数である（規格化については 8.3 節をみよ）．

**7.9** 運動エネルギーの演算子は
$$\frac{\hat{p}^2}{2m} = -\frac{\hbar^2}{2m}\frac{\partial^2}{\partial x^2} \tag{A.78}$$

である．運動エネルギーの固有値を $K$，その固有関数を $\psi_K(x)$ とすると，固有値方程式は
$$-\frac{\hbar^2}{2m}\frac{\partial^2}{\partial x^2}\psi_K(x) = K\psi_K(x). \tag{A.79}$$

その解は
$$\psi_K(x) = C_1 e^{(i/\hbar)\sqrt{2mK}x} + C_2 e^{-(i/\hbar)\sqrt{2mK}x} \tag{A.80}$$

あるいは，$K = \hbar^2 k^2/2m$ とおいて
$$\psi_K(x) = C_1 e^{ikx} + C_2 e^{-ikx} \tag{A.81}$$

である．ここで，$C_1, C_2$ は任意の定数である（規格化については 8.3 節をみよ）．

**7.10**

1) 
$$\begin{aligned}[\hat{A}, \hat{B}] &= \hat{A}\hat{B} - \hat{B}\hat{A} \\ &= -(\hat{B}\hat{A} - \hat{A}\hat{B}) \\ &= -[\hat{B}, \hat{A}].\end{aligned} \tag{A.82}$$

2) 
$$\begin{aligned}[\hat{A}, \hat{B}+\hat{C}] &= \hat{A}(\hat{B}+\hat{C}) - (\hat{B}+\hat{C})\hat{A} \\ &= \hat{A}\hat{B} + \hat{A}\hat{C} - \hat{B}\hat{A} - \hat{C}\hat{A} \\ &= (\hat{A}\hat{B} - \hat{B}\hat{A}) + (\hat{A}\hat{C} - \hat{C}\hat{A}) \\ &= [\hat{A}, \hat{B}] + [\hat{A}, \hat{C}].\end{aligned} \tag{A.83}$$

3) 
$$\begin{aligned}[\hat{A}+\hat{B}, \hat{C}] &= -[\hat{C}, \hat{A}+\hat{B}] \\ &= -[\hat{C}, \hat{A}] - [\hat{C}, \hat{B}] \\ &= [\hat{A}, \hat{C}] + [\hat{B}, \hat{C}].\end{aligned} \tag{A.84}$$

4)
$$[\hat{A}, \hat{B}\hat{C}] = \hat{A}\hat{B}\hat{C} - \hat{B}\hat{C}\hat{A}$$
$$= \hat{A}\hat{B}\hat{C} - \hat{B}\hat{C}\hat{A} + (\hat{B}\hat{A}\hat{C} - \hat{B}\hat{A}\hat{C})$$
$$= (\hat{A}\hat{B} - \hat{B}\hat{A})\hat{C} + \hat{B}(\hat{A}\hat{C} - \hat{C}\hat{A})$$
$$= [\hat{A}, \hat{B}]\hat{C} + \hat{B}[\hat{A}, \hat{C}]. \tag{A.85}$$

5)
$$[\hat{A}\hat{B}, \hat{C}] = -[\hat{C}, \hat{A}\hat{B}]$$
$$= -[\hat{C}, \hat{A}]\hat{B} - \hat{A}[\hat{C}, \hat{B}]$$
$$= \hat{A}[\hat{B}, \hat{C}] + [\hat{A}, \hat{C}]\hat{B}. \tag{A.86}$$

6)
$$[\hat{A}, [\hat{B}, \hat{C}]] + [\hat{B}, [\hat{C}, \hat{A}]] + [\hat{C}, [\hat{A}, \hat{B}]] = \hat{A}[\hat{B}, \hat{C}] - [\hat{B}, \hat{C}]\hat{A}$$
$$+ \hat{B}[\hat{C}, \hat{A}] - [\hat{C}, \hat{A}]\hat{B}$$
$$+ \hat{C}[\hat{A}, \hat{B}] - [\hat{A}, \hat{B}]\hat{C}$$
$$= \hat{A}\hat{B}\hat{C} - \hat{A}\hat{C}\hat{B} - (\hat{B}\hat{C}\hat{A} - \hat{C}\hat{B}\hat{A})$$
$$+ \hat{B}\hat{C}\hat{A} - \hat{B}\hat{A}\hat{C} - (\hat{C}\hat{A}\hat{B} - \hat{A}\hat{C}\hat{B})$$
$$+ \hat{C}\hat{A}\hat{B} - \hat{C}\hat{B}\hat{A} - (\hat{A}\hat{B}\hat{C} - \hat{B}\hat{A}\hat{C})$$
$$= 0. \tag{A.87}$$

**7.11**
$$(\hat{A}\hat{B} + \hat{B}\hat{A})^\dagger = (\hat{A}\hat{B})^\dagger + (\hat{B}\hat{A})^\dagger$$
$$= \hat{B}^\dagger \hat{A}^\dagger + \hat{A}^\dagger \hat{B}^\dagger$$
$$= \hat{A}\hat{B} + \hat{B}\hat{A}, \tag{A.88}$$

$$\left(i[\hat{A}, \hat{B}]\right)^\dagger = -i(\hat{A}\hat{B} - \hat{B}\hat{A})^\dagger$$
$$= -i(\hat{B}^\dagger \hat{A}^\dagger - \hat{A}^\dagger \hat{B}^\dagger)$$
$$= -i(\hat{B}\hat{A} - \hat{A}\hat{B})$$
$$= i(\hat{A}\hat{B} - \hat{B}\hat{A})$$
$$= i[\hat{A}, \hat{B}]. \tag{A.89}$$

以上より,$\hat{A}\hat{B} + \hat{B}\hat{A}$ および $i[\hat{A}, \hat{B}]$ はエルミート演算子である.

**7.12**
$$\langle \psi | \psi \rangle = |C|^2 \int_{-\infty}^{\infty} e^{-(1/\gamma\hbar)(x-\langle x \rangle)^2} dx$$
$$= |C|^2 \int_{-\infty}^{\infty} e^{-(1/\gamma\hbar)(x')^2} dx' \quad (x' \equiv x - \langle x \rangle)$$
$$= 1 \quad (規格化条件), \tag{A.90}$$

$$\begin{aligned}
(\Delta x)^2 &= \langle\psi|(x-\langle x\rangle)^2|\psi\rangle \\
&= |C|^2 \int_{-\infty}^{\infty} (x-\langle x\rangle)^2 e^{-(1/\gamma\hbar)(x-\langle x\rangle)^2} dx \\
&= |C|^2 \int_{-\infty}^{\infty} (x')^2 e^{-(1/\gamma\hbar)(x')^2} dx' \\
&= \frac{\gamma\hbar}{2}|C|^2 \left\{ \left[-xe^{-(1/\gamma\hbar)(x')^2}\right]_{-\infty}^{\infty} + \int_{-\infty}^{\infty} e^{-(1/\gamma\hbar)(x')^2} dx' \right\} \\
&= \frac{\gamma\hbar}{2}(0+1) = \frac{\gamma\hbar}{2}, \quad\quad\quad\quad\quad\quad\quad\quad\text{(A.91)}
\end{aligned}$$

$$\begin{aligned}
(\hat{p}-\langle p\rangle)\psi &= \left(\frac{\hbar}{i}\frac{d}{dx} - \langle p\rangle\right)\psi \\
&= \left\{\frac{i}{\gamma}(x-\langle x\rangle) + \langle p\rangle - \langle p\rangle\right\}\psi \\
&= \frac{i}{\gamma}(x-\langle x\rangle)\psi, \quad\quad\quad\quad\quad\quad\quad\quad\text{(A.92)}
\end{aligned}$$

$$\begin{aligned}
(\Delta p)^2 &= \langle\psi|(\hat{p}-\langle p\rangle)^2|\psi\rangle \\
&= \langle(\hat{p}-\langle p\rangle)\psi|(\hat{p}-\langle p\rangle)\psi\rangle \\
&= \frac{1}{\gamma^2}\langle\psi|(x-\langle x\rangle)^2|\psi\rangle \\
&= \frac{1}{\gamma^2}\frac{\gamma\hbar}{2} = \frac{\hbar}{2\gamma}. \quad\quad\quad\quad\quad\quad\quad\quad\text{(A.93)}
\end{aligned}$$

以上より,

$$\Delta x \Delta p = \sqrt{\frac{\gamma\hbar}{2}}\sqrt{\frac{\hbar}{2\gamma}} = \frac{\hbar}{2}. \quad\quad\quad\quad\quad\text{(A.94)}$$

**7.13** 1次元の定常状態のシュレーディンガー方程式の解のうち,束縛状態においてエネルギー固有値 $E$ で縮退した固有関数 $\psi_1, \psi_2$ が存在すると仮定すると,

$$\frac{\partial^2}{\partial x^2}\psi_1 + \frac{2m}{\hbar^2}(E-V)\psi_1 = 0, \quad\quad\text{(A.95)}$$

$$\frac{\partial^2}{\partial x^2}\psi_2 + \frac{2m}{\hbar^2}(E-V)\psi_2 = 0 \quad\quad\text{(A.96)}$$

が成立し,この式より

$$\frac{(\partial^2/\partial x^2)\psi_1}{\psi_1} - \frac{(\partial^2/\partial x^2)\psi_2}{\psi_2} = 0 \quad\quad\text{(A.97)}$$

の関係が得られる.これを変形すると,

$$\frac{\partial^2 \psi_1}{\partial x^2}\psi_2 - \frac{\partial^2 \psi_2}{\partial x^2}\psi_1 = \frac{\partial}{\partial x}\left(\frac{\partial \psi_1}{\partial x}\psi_2\right) - \frac{\partial}{\partial x}\left(\frac{\partial \psi_2}{\partial x}\psi_1\right) = 0. \quad \text{(A.98)}$$

この式を積分すると,

$$\frac{\partial \psi_1}{\partial x}\psi_2 - \frac{\partial \psi_2}{\partial x}\psi_1 = C_1 \quad (C_1 : \text{積分定数}). \quad \text{(A.99)}$$

ここで $\psi_1$, $\psi_2$ は束縛状態 ($x \to \pm\infty$ で $\psi_{1,2} \to 0$) であることから, $C_1 = 0$ でなければならない. したがって,

$$\frac{(\partial/\partial x)\psi_1}{\psi_1} = \frac{(\partial/\partial x)\psi_2}{\psi_2}. \quad \text{(A.100)}$$

この式についてもう一度積分を実行すると,

$$\ln \psi_1 = \ln \psi_2 + \ln C_2 \quad (C_2 : \text{積分定数}), \quad \text{(A.101)}$$

$$\therefore \quad \psi_1 = C_2 \psi_2. \quad \text{(A.102)}$$

この結果は仮定に矛盾する. したがって, 1 次元の定常状態のシュレーディンガー方程式の解のうち, 束縛状態において縮退した固有関数は存在しない.

**7.14** $\hat{A}$ がエルミート演算子で $\lambda_n$ が実数であることに注意をすると,

$$\begin{aligned}
\langle A^2 \rangle &= \langle f|\hat{A}\hat{A}|f\rangle \\
&= \langle \hat{A}f|\hat{A}f\rangle \\
&= \sum_{m,n} \lambda_m^* c_m^* \lambda_n c_n \langle \psi_m|\psi_n\rangle \\
&= \sum_{m,n} c_m^* c_n \lambda_m \lambda_n \delta_{mn} \\
&= \sum_n |c_n|^2 \lambda_n^2.
\end{aligned} \quad \text{(A.103)}$$

これを用いると,

$$\langle A^2 \rangle - \langle A \rangle^2 = \sum_n |c_n|^2 \lambda_n^2 - \left(\sum_n |c_n|^2 \lambda_n\right)^2. \quad \text{(A.104)}$$

**7.15**

$$\begin{aligned}
\langle \psi_n|\hat{A}^l|\psi_n\rangle &= \langle \psi_n|\hat{A}^{l-1}\hat{A}|\psi_n\rangle \\
&= \lambda_n \langle \psi_n|\hat{A}^{l-1}|\psi_n\rangle \\
&\vdots \\
&= \lambda_n^l \langle \psi_n|\psi_n\rangle = \lambda_n^l \sum_n |c_n|^2.
\end{aligned} \quad \text{(A.105)}$$

いま，

$$F(\hat{A}) = a_1\hat{A} + a_2\hat{A}^2 + a_3\hat{A}^3 + \cdots = \sum_l a_l \hat{A}^l \tag{A.106}$$

と，冪級数展開の形でおくと，

$$\begin{aligned}
\langle f|F(\hat{A})|f\rangle &= \sum_{m,n} c_m^* c_n \left\langle \psi_m \left| \sum_l a_l \hat{A}^l \right| \psi_n \right\rangle \\
&= \sum_{m,n} c_m^* c_n \sum_l a_l \lambda_n^l \langle \psi_m|\psi_n\rangle \\
&= \sum_{m,n} c_m^* c_n F(\lambda_n) \delta_{mn} \\
&= \sum_n |c_n|^2 F(\lambda_n).
\end{aligned}$$
(A.107)

## 第 8 章

**8.1**

1) 
$$\lim_{a\to 0}\left[\frac{1}{\sqrt{\pi}a}e^{-x^2/a^2}\right]_{x=0} = \lim_{a\to 0}\frac{1}{\sqrt{\pi}a} = \infty, \tag{A.108}$$

$$\lim_{a\to 0}\left[\frac{1}{\sqrt{\pi}a}e^{-x^2/a^2}\right]_{x=\varepsilon\neq 0} = \lim_{a\to 0}\frac{1}{\sqrt{\pi}a}e^{-\varepsilon^2/a^2} = 0, \tag{A.109}$$

$$\int_{-\infty}^{-\infty}\frac{1}{\sqrt{\pi}a}e^{-x^2/a^2} = \frac{1}{\sqrt{\pi}a}\sqrt{\pi a^2} = 1. \tag{A.110}$$

以上より，この関数はデルタ関数の性質を満たしている．

2) 
$$\frac{1}{\pi}\lim_{a\to 0}\left[\frac{a}{x^2+a^2}\right]_{x=0} = \frac{1}{\pi}\lim_{a\to 0}\frac{1}{a} = \infty, \tag{A.111}$$

$$\frac{1}{\pi}\lim_{a\to 0}\left[\frac{a}{x^2+a^2}\right]_{x=\varepsilon\neq 0} = \frac{1}{\pi}\lim_{a\to 0}\frac{a}{\varepsilon^2+a^2} = 0, \tag{A.112}$$

$$\begin{aligned}
\frac{1}{\pi}\int_{-\infty}^{-\infty}\frac{a}{x^2+a^2}dx &= \frac{1}{\pi}\int_{-\pi/2}^{\pi/2}\frac{1}{a(\tan^2\theta+1)}\frac{a}{\cos^2\theta}d\theta \\
&= \frac{1}{\pi}\int_{-\pi/2}^{\pi/2}d\theta = 1.
\end{aligned}$$
(A.113)

以上より，この関数はデルタ関数の性質を満たしている．

3) 
$$\frac{1}{\pi}\lim_{a\to\infty}\left[\frac{\sin ax}{x}\right]_{x=0} = \frac{1}{\pi}\lim_{a\to\infty}a = \infty, \tag{A.114}$$

$$\left|\frac{1}{\pi}\lim_{a\to\infty}\left[\frac{\sin ax}{x}\right]_{x=\varepsilon\neq 0}\right| \leq \frac{1}{\pi\varepsilon}. \tag{A.115}$$

となって，$x \neq 0$ のとき $0$ には収束せずに振動する振る舞いを示すが，

$$\int_{\varepsilon(>0)}^{\infty}\frac{\sin ax}{x}dx = \int_{a\varepsilon}^{\infty}\frac{\sin t}{t}dt \quad (ax \equiv t)$$
$$\to 0 \quad (a\to\infty) \tag{A.116}$$

となるので，$x = 0$ の近傍以外における積分値は $0$ である．また，

$$\frac{1}{\pi}\int_{-\infty}^{-\infty}\frac{\sin ax}{x}dx = \frac{1}{\pi}\pi = 1. \tag{A.117}$$

以上より，この関数はデルタ関数の性質を満たしている．

**補 足**：$\int_{-\infty}^{\infty}(\sin ax/x)dx = \pi$ を示すために以下の計算を行う．$f(x) = e^{iaz}/z$ とおき，下図の積分路 $C$ に沿って一周積分する．積分路を $C = \varGamma_1 + \varGamma_2 + \varGamma_3 + \varGamma_4$ と分割し，$\varGamma_1 : z = x\,(x : r \to R)$, $\varGamma_2 : z = Re^{i\theta}\,(\theta : 0 \to \pi)$, $\varGamma_3 : z = x\,(x : -R \to -r)$, $\varGamma_4 : z = re^{i\theta}\,(\theta : \pi \to 0)$ とする．$f(z)$ は $z = 0$ を 1 位の極にもち，$\mathrm{Res}[f, 0] = 1$ である．積分路 $C$ の内部に $f(z)$ の特異点はないので，コーシーの積分定理により，

$$\int_C f(z)dz = 0. \tag{A.118}$$

それぞれの積分路に沿う積分を計算すると，

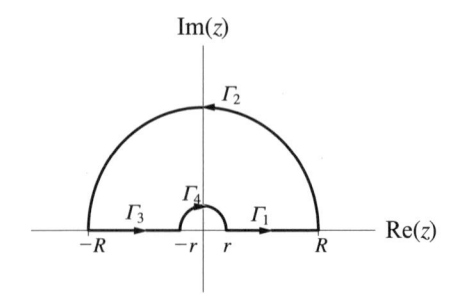

図 **A.4** (A.118) 式の積分路

$$\int_{\Gamma_1} f(z)dz + \int_{\Gamma_3} f(z)dz = \int_r^R \frac{1}{x}(e^{iax} - e^{-iax})dx, \tag{A.119}$$

$$\lim_{R \to \infty} \int_{\Gamma_2} f(z)dz = 0 \quad (\because |z| \to \infty \text{ のとき } f(z) \to 0), \tag{A.120}$$

$$\lim_{r \to 0} \int_{\Gamma_4} f(z)dz = i(\pi - 0)\text{Res}[f, 0] = -\pi i \tag{A.121}$$

となる. 以上を用いると,

$$(\text{A.118}) \Leftrightarrow \int_{\Gamma_1} f(z)dz + \lim_{R \to \infty}\int_{\Gamma_2} f(z)dz + \int_{\Gamma_3} f(z)dz + \lim_{r \to 0}\int_{\Gamma_4} f(z)dz = 0$$
$$\Leftrightarrow 2i \int_0^\infty \frac{\sin ax}{x} dx - \pi i = 0$$
$$\Leftrightarrow \int_0^\infty \frac{\sin ax}{x} dx = \frac{\pi}{2}. \tag{A.122}$$

$\sin ax/x$ は偶関数なので,

$$\int_{-\infty}^\infty \frac{\sin ax}{x} dx = 2\int_0^\infty \frac{\sin ax}{x} dx = \pi. \tag{A.123}$$

4)
$$\lim_{a \to 0} \left[\frac{1}{2a} e^{-|x|/a}\right]_{x=0} = \lim_{a \to 0} \frac{1}{2a} = \infty, \tag{A.124}$$

$$\lim_{a \to 0} \left[\frac{1}{2a} e^{-|x|/a}\right]_{x=\varepsilon \neq 0} = 0, \tag{A.125}$$

$$\int_{-\infty}^\infty \frac{1}{2a} e^{-|x|/a} dx = \frac{1}{a}\int_0^\infty e^{-x/a} dx$$
$$= \frac{1}{a}\left[-ae^{-x/a}\right]_0^\infty$$
$$= \frac{1}{a} a = 1. \tag{A.126}$$

以上より, この関数はデルタ関数の性質を満たしている.

**8.2** デルタ関数の定義により

$$f(x) = \int_{-\infty}^{\infty} f(x')\delta(x'-x)dx'$$
$$= \int_{-\infty}^{\infty} f(x') \sum_n \psi_n^*(x')\psi_n(x)dx'$$
$$= \sum_n \int_{-\infty}^{\infty} f(x')\psi_n^*(x')dx'\psi_n(x)$$
$$= \sum_n \langle \psi_n|f\rangle \psi_n(x)$$
$$= \sum_n c_n \psi_n(x). \tag{A.127}$$

**8.3** 運動量 $\hat{p} = -i\hbar\partial/\partial x$ の期待値は

$$\langle \hat{p}\rangle = \frac{\langle \psi_k|\hat{p}|\psi_k\rangle}{\langle \psi_k|\psi_k\rangle}$$
$$= -i\hbar \lim_{a\to\infty} \frac{\int_{-a}^{a} \psi_k^*(\partial/\partial x)\psi_k dx}{\int_{-a}^{a} \psi_k^*\psi_k dx}$$
$$= \hbar k \lim_{a\to\infty} \frac{\int_{-a}^{a} \psi_k^*\psi_k dx}{\int_{-a}^{a} \psi_k^*\psi_k dx}$$
$$= \hbar k. \tag{A.128}$$

運動エネルギー $\hat{p}^2/2m$ に関しても同様に

$$\left\langle \frac{\hat{p}^2}{2m}\right\rangle = \frac{\hbar^2 k^2}{2m}. \tag{A.129}$$

**8.4**

$$\langle \psi_k|f\rangle = \int_{-\infty}^{\infty} \psi_k^*(x)f(x)dx$$
$$= \frac{1}{\sqrt{2\pi}} \int_{-\infty}^{\infty} f(x)e^{-ikx}dx$$
$$= \frac{1}{2\pi} \int_{-\infty}^{\infty}\int_{-\infty}^{\infty} c(k')e^{i(k'-k)x}dxdk'$$
$$= \int_{-\infty}^{\infty} c(k')\delta(k'-k)dk'$$
$$= c(k). \tag{A.130}$$

**8.5**

$$\psi_{x_0}(x) = \frac{1}{2\pi}\int_{-\infty}^{\infty} e^{ik(x-x_0)}dk, \tag{A.131}$$

$$\psi_{x_1}(x) = \frac{1}{2\pi}\int_{-\infty}^{\infty} e^{ik'(x-x_1)}dk' \tag{A.132}$$

として,

$$\begin{aligned}
\int_{-\infty}^{\infty} \psi_{x_0}^*(x)\psi_{x_1}(x)\,dx &= \frac{1}{(2\pi)^2}\int_{-\infty}^{\infty}\left(\int_{-\infty}^{\infty} e^{-ik(x-x_0)}dk\right)\left(\int_{-\infty}^{\infty} e^{ik'(x-x_1)}dk'\right)dx \\
&= \frac{1}{(2\pi)^2}\int_{-\infty}^{\infty}\int_{-\infty}^{\infty}\left(\int_{-\infty}^{\infty} e^{i(k'-k)x}dx\right)e^{i(kx_0-k'x_1)}dkdk' \\
&= \frac{1}{2\pi}\int_{-\infty}^{\infty}\int_{-\infty}^{\infty}\delta(k'-k)e^{i(kx_0-k'x_1)}dkdk' \\
&= \frac{1}{2\pi}\int_{-\infty}^{\infty} e^{ik(x_0-x_1)}dk \\
&= \delta(x_0-x_1). \tag{A.133}
\end{aligned}$$

**8.6**

$$\begin{aligned}
f(x) &= \int_{-\infty}^{\infty} c(x')\psi_{x'}(x)dx' \\
&= \int_{-\infty}^{\infty} c(x')\delta(x-x')dx' \\
&= c(x). \tag{A.134}
\end{aligned}$$

# 第9章

**9.1** シュレーディンガー方程式 (9.3) を変形して

$$\psi''(x) = (U(x)-\epsilon)\,\psi(x) \tag{A.135}$$

であるから,

$$\begin{aligned}
\psi'(a+h)-\psi'(a-h) &= \int_{a-h}^{a+h}\psi''(x)dx \\
&= \int_{a-h}^{a+h}(U(x)-\epsilon)\,\psi(x)dx \tag{A.136}
\end{aligned}$$

が成り立つ. いま, $\psi(x)$ は連続, $V(x)$ したがって $U(x)$ はたかだか有限な不連続をもつから, $x=a$ の近傍で (A.136) 式の被積分関数は有界である. したがっ

て,
$$\lim_{h\to 0}\left(\psi'(a+h)-\psi'(a-h)\right)=0 \tag{A.137}$$

となり, $\psi'(x)$ は連続である.

**9.2**
$$\psi(x)=\begin{cases} Ae^{ikx}+Be^{-ikx} & (x\le 0) \\ Ce^{-\kappa x} & (x>0) \end{cases}, \tag{A.138}$$

$$\psi'(x)=\begin{cases} ik\left(Ae^{ikx}-Be^{-ikx}\right) & (x\le 0) \\ -\kappa Ce^{-\kappa x} & (x>0) \end{cases}. \tag{A.139}$$

$x=0$ における波動関数およびその導関数の連続性から

$$A+B=C, \tag{A.140}$$
$$ik(A-B)=-\kappa C. \tag{A.141}$$

(A.140), (A.141) 式より $C$ を消去すると

$$\frac{B}{A}=\frac{ik+\kappa}{ik-\kappa}\equiv R, \tag{A.142}$$

(A.140), (A.141) 式より $B$ を消去すると

$$\frac{C}{A}=\frac{2ik}{ik-\kappa}=1+R \tag{A.143}$$

を得る. いま,

$$|R|^2=\frac{ik+\kappa}{ik-\kappa}\frac{-ik+\kappa}{-ik-\kappa}=1 \tag{A.144}$$

$$\tag{A.145}$$

であるから, $\phi$ を実数として

$$R=e^{2i\phi}=\cos 2\phi+i\sin 2\phi \tag{A.146}$$

と書ける. このとき,

$$\tan 2\phi=\frac{\mathrm{Im}R}{\mathrm{Re}R}=\frac{-2k\kappa}{k^2-\kappa^2}=\frac{-2\sqrt{\epsilon(U_0-\epsilon)}}{2\epsilon-U_0} \tag{A.147}$$

である. $\phi$ のグラフはこの後の補足に記す.

**9.3**

$$\psi(x) = \begin{cases} Ae^{ik_1x} + Be^{-ik_1x} & (x \leq 0) \\ Ce^{ik_2x} & (x > 0) \end{cases}, \quad (A.148)$$

$$\psi'(x) = \begin{cases} ik_1\left(Ae^{ik_1x} - Be^{-ik_1x}\right) & (x \leq 0) \\ ik_2Ce^{ik_2x} & (x > 0) \end{cases}. \quad (A.149)$$

$x = 0$ における波動関数およびその導関数の連続性から

$$A + B = C, \quad (A.150)$$

$$ik_1(A - B) = ik_2C. \quad (A.151)$$

(A.150), (A.151) 式より $C$ を消去すると

$$\frac{B}{A} = \frac{k_1 - k_2}{k_1 + k_2} \equiv R, \quad (A.152)$$

(A.150), (A.151) 式より $B$ を消去すると

$$\frac{C}{A} = \frac{2k_1}{k_1 + k_2} = 1 + R \quad (A.153)$$

を得る．$R$ は実数で，

$$0 \leq R \leq 1 \quad (A.154)$$

である．

**9.2, 9.3 補足**：(A.152), (A.153) 式は，

$$k_1 = k,$$
$$k_2 = i\kappa \quad (A.155)$$

とおけば (A.142), (A.143) 式と同値である．すなわち，$E < V_0$ の場合には，虚数の $k_2$ を用いることにより，(A.152), (A.153) 式は，(A.142), (A.143) 式を含んだ形になっている．いま，一般に

$$\frac{B}{A} \equiv R = |R|e^{2i\phi} \quad (A.156)$$

とすれば，

$$|R| = \left|\frac{k_1 - k_2}{k_1 + k_2}\right|, \quad (A.157)$$

$$2\phi = \arg\left(\frac{k_1 - k_2}{k_1 + k_2}\right) \quad (A.158)$$

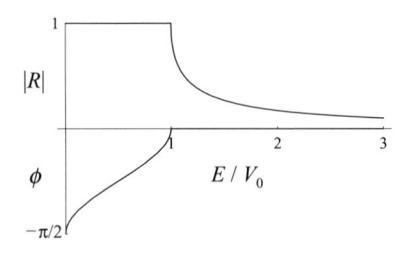

**図 A.5** $|R|$ と $\varphi$ のグラフ

である．この $R$ は，階段ポテンシャルに向かう $x$ の正の向きの平面波と，ポテンシャル境界で反射された $x$ の負の向きの平面波の振幅の比，すなわち振幅の複素反射率を表すと考えることができる．$|R|$ は振幅反射率の絶対値，$2\phi$ はそのときの位相変化である．図 A.5 に示すように，

$0 < E < V_0$ のとき，

$$|R| = 1, \quad -\pi/2 < \phi < 0,$$

$V_0 < E$ のとき，

$$0 < |R| < 1, \quad \phi = 0$$

となる．

**9.4** $V_0 \to \infty$ のとき $U_0 \to \infty$ で

$$\kappa = \sqrt{U_0 - \epsilon} \to \infty \tag{A.159}$$

である．したがって，

$$\psi(x) = Ce^{-\kappa x} \to 0 \quad (x > 0). \tag{A.160}$$

また，

$$\frac{B}{A} \to -1 \tag{A.161}$$

であるから，$x \leq 0$ では

$$\begin{aligned}\psi(x) &= A\left(e^{ikx} - e^{-ikx}\right) \\ &= A' \sin kx\end{aligned} \tag{A.162}$$

となる．ここで，$A' = 2iA$ とおいた．

また，

演習問題解答

$$\psi'_+(0) = \lim_{\epsilon \to 0} \psi'(0+\epsilon) = 0, \tag{A.163}$$

$$\psi'_-(0) = \lim_{\epsilon \to 0} \psi'(0-\epsilon) = A'k \tag{A.164}$$

であるから，一般に $\psi'(x)$ はポテンシャル境界 $x=0$ で不連続となる．

**9.5** シュレーディンガー方程式

$$\left(-\frac{\hbar^2}{2m}\frac{d^2}{dx^2} + V(x)\right)\psi(x) = E\psi(x) \tag{A.165}$$

において，次の置き換えを行う．

$$\frac{d}{dx} = \frac{d(-x)}{dx}\frac{d}{d(-x)} = -\frac{d}{d(-x)}, \tag{A.166}$$

$$\frac{d^2}{dx^2} = \frac{d}{dx}\left(\frac{d}{dx}\right) = \frac{d^2}{d(-x)^2}. \tag{A.167}$$

すると，(A.165) 式は

$$\left(-\frac{\hbar^2}{2m}\frac{d^2}{d(-x)^2} + V(x)\right)\psi(x) = E\psi(x) \tag{A.168}$$

と書ける．ここで $-x \to x$ と置き換え，$V(x) = V(-x)$ を用いると，

$$\left(-\frac{\hbar^2}{2m}\frac{d^2}{dx^2} + V(x)\right)\psi(-x) = E\psi(-x) \tag{A.169}$$

を得る．

(A.165), (A.169) 式より，$\psi(x)$ および $\psi(-x)$ はシュレーディンガー方程式の解であり，その固有値はどちらも $E$ である．

**9.6** $\psi(x)$ が偶または奇のパリティをもつとき，$\psi(x)$ はそれぞれ

$$\psi(-x) = \pm\psi(x) \tag{A.170}$$

の関係を満たす．

$$\psi'(-x) = \frac{d\psi(-x)}{d(-x)} = \frac{dx}{d(-x)}\frac{d\psi(-x)}{dx} = \frac{dx}{d(-x)}\frac{d(\pm\psi(x))}{dx} = \mp\psi'(x). \tag{A.171}$$

以上より，微分した関数はそれぞれ逆のパリティをもつ．

別　解：

$$\begin{aligned}
\psi'(-x_0) &= \lim_{\Delta x \to 0}\frac{\psi(-x_0 + \Delta x/2) - \psi(-x_0 - \Delta x/2)}{\Delta x} \\
&= \lim_{\Delta x \to 0}\frac{\pm\psi(x_0 - \Delta x/2) \mp \psi(x_0 + \Delta x/2)}{\Delta x} \\
&= \lim_{\Delta x \to 0}\mp\frac{\psi(x_0 + \Delta x/2) - \psi(x_0 - \Delta x/2)}{\Delta x} \\
&= \mp\psi'(x_0). \tag{A.172}
\end{aligned}$$

**9.7** $\theta_0$ の値によって束縛状態の個数が決まり，

$$N = \left[\frac{\theta_0}{\pi}\right] + 1$$

$$\Leftrightarrow \quad (N-1) \leq \frac{\theta_0}{\pi} < N$$

$$\Leftrightarrow \quad (N-1) \leq \frac{a}{\pi}\sqrt{U_0} < N \tag{A.173}$$

となる条件のとき[*1)]束縛状態の個数は $N$ 個である。

1) 井戸の幅が $2a$ になった場合，(A.173) 式から

$$2(N-1) \leq \frac{2a\sqrt{U_0}}{\pi} < 2N$$

$$\Rightarrow \quad 2(N-1) \leq \left[\frac{2\theta_0}{\pi}\right] \leq 2N-1$$

$$\Leftrightarrow \quad 2N-1 \leq \left[\frac{2\theta_0}{\pi}\right] + 1 \leq 2N. \tag{A.174}$$

以上より，束縛状態の個数は

$$\begin{cases} 2N-1 \text{ 個} \\ 2N \text{ 個} \end{cases} \tag{A.175}$$

2) 井戸の深さが $2V_0$ になった場合，(A.173) 式から

$$\sqrt{2}(N-1) \leq \frac{a\sqrt{2U_0}}{\pi} < \sqrt{2}N \tag{A.176}$$

$$\Rightarrow \quad \left[\sqrt{2}(N-1)\right] \leq \left[\frac{\sqrt{2}\theta_0}{\pi}\right] \leq \left[\sqrt{2}N\right] \tag{A.177}$$

$$\Leftrightarrow \quad \left[\sqrt{2}(N-1)\right] + 1 \leq \left[\frac{\sqrt{2}\theta_0}{\pi}\right] + 1 \leq \left[\sqrt{2}N\right] + 1. \tag{A.178}$$

以上より，束縛状態の数は

$$\begin{cases} [\sqrt{2}(N-1)] + 1 \text{ 個} \\ [\sqrt{2}N)] + 1 \text{ 個} \end{cases} \tag{A.179}$$

3) $V_0 \to \infty$ のとき，

$$\sqrt{\left(\frac{\theta_0}{\theta}\right)^2 - 1} \to \infty \tag{A.180}$$

---

[*1)] $[x]$ は $x$ を超えない最大の整数を表す (ガウスの記号)．

となり

$$\tan\frac{\theta}{2}, -\cot\frac{\theta}{2} \to \infty, \tag{A.181}$$

$$\therefore \quad \theta \to n\pi \quad (n=1,2,3,\ldots). \tag{A.182}$$

したがって，

$$k_n \approx \frac{n\pi}{a} \tag{A.183}$$

となり，$k$ はほぼ等間隔となる．またこのときの束縛状態のエネルギーは

$$E \approx \frac{\hbar^2 k^2}{2m} = \frac{\pi^2 n^2 \hbar^2}{2ma^2}. \tag{A.184}$$

4) 
$$\frac{\theta_0}{\pi} = \frac{a}{\pi}\sqrt{\frac{2mV_0}{\hbar^2}}$$

$$= \frac{1\times 10^{-9}(\mathrm{m})}{3.14}\frac{\sqrt{2\times 9.11\times 10^{-31}(\mathrm{kg})\times 1.60\times 10^{-19}(\mathrm{J})}}{1.06\times 10^{-34}(\mathrm{J\,s^{-1}})}$$

$$\fallingdotseq 1.7. \tag{A.185}$$

したがって束縛状態は，2個．さらに最低エネルギーの解を計算すると，

$$\theta \approx 2.3. \tag{A.186}$$

よって最低エネルギーは

$$E = \frac{\hbar^2 \theta^2}{2ma^2} \fallingdotseq 0.038\times(2.3)^2\,(\mathrm{eV}) \fallingdotseq 0.2\,(\mathrm{eV}). \tag{A.187}$$

5) 
$$\theta_0 = a\sqrt{\frac{2mV_0}{\hbar^2}} < \pi$$

$$\Rightarrow a < \pi\sqrt{\frac{\hbar^2}{2mV_0}} \approx 0.61\times 10^{-9}(\mathrm{m}). \tag{A.188}$$

したがって，条件を満たす井戸の幅は約 $0.6\,\mathrm{nm}$ 以下となる．

**9.8** 偶パリティの場合，$A_g, B_g$ は実数とすると，

$$\int_{-\infty}^{\infty}|\psi_g(x)|^2 dx = A_g^2 \int_{-a/2}^{a/2}\cos^2 kx\,dx + 2B_g^2\int_{a/2}^{\infty}e^{-2\kappa x}dx$$

$$= A_g^2\left[\frac{x}{2}+\frac{\sin 2kx}{4k}\right]_{-a/2}^{a/2} + 2B_g^2\left[-\frac{e^{-2\kappa x}}{2\kappa}\right]_{a/2}^{\infty}$$

$$= A_g^2\left(\frac{a}{2}+\frac{\sin ka}{2k}\right) + B_g^2\left(\frac{e^{-\kappa a}}{\kappa}\right) = 1. \tag{A.189}$$

ここで，波動関数の連続性

$$A_g \cos \frac{ka}{2} = B_g e^{-\kappa a/2} \tag{A.190}$$

より

$$B_g = A_g e^{\kappa a/2} \cos \frac{ka}{2}. \tag{A.191}$$

これをを代入すると，

$$A_g = \left( \frac{a}{2} + \frac{\sin ka}{2k} + \frac{1}{\kappa} \cos^2 \frac{ka}{2} \right)^{-1/2}$$

$$= \left\{ \frac{1}{2} \left( a + \frac{1}{\kappa} + \frac{\sin ka}{k} + \frac{\cos ka}{\kappa} \right) \right\}^{-1/2}, \tag{A.192}$$

$$B_g = e^{\kappa a/2} \cos \frac{ka}{2} \left\{ \frac{1}{2} \left( a + \frac{1}{\kappa} + \frac{\sin ka}{k} + \frac{\cos ka}{\kappa} \right) \right\}^{-1/2}. \tag{A.193}$$

奇パリティの場合，$A_u, B_u$ を実数とし同様に計算すると，

$$A_u = \left\{ \frac{1}{2} \left( a + \frac{1}{\kappa} - \frac{\sin ka}{k} - \frac{\cos ka}{\kappa} \right) \right\}^{-1/2}, \tag{A.194}$$

$$B_u = e^{\kappa a/2} \sin \frac{ka}{2} \left\{ \frac{1}{2} \left( a + \frac{1}{\kappa} - \frac{\sin ka}{k} - \frac{\cos ka}{\kappa} \right) \right\}^{-1/2}. \tag{A.195}$$

**9.9** 波動関数が偶パリティの場合，(9.42) 式と問題の条件から，

$$\psi_g(x) = \begin{cases} A_g \cos k_1 x & \left( |x| \leq \frac{a}{2} \right) \\ B_g \cos k_2 |x| + C_g \sin k_2 |x| & \left( |x| > \frac{a}{2} \right) \end{cases}. \tag{A.196}$$

ここで，波動関数の連続性から

$$A_g \cos \frac{k_1 a}{2} = B_g \cos \frac{k_2 a}{2} + C_g \sin \frac{k_2 a}{2}. \tag{A.197}$$

同様に，導関数の連続性から

$$-k_1 A_g \sin \frac{k_1 a}{2} = -k_2 B_g \sin \frac{k_2 a}{2} + k_2 C_g \cos \frac{k_2 a}{2}. \tag{A.198}$$

この 2 式より，波動関数の満たすべき方程式は，

$$\begin{pmatrix} \cos(k_1 a/2) & -\cos(k_2 a/2) & -\sin(k_2 a/2) \\ k_1 \sin(k_1 a/2) & -k_2 \sin(k_2 a/2) & k_2 \cos(k_2 a/2) \end{pmatrix} \begin{pmatrix} A_g \\ B_g \\ C_g \end{pmatrix} = \mathbf{0}.$$

$$\tag{A.199}$$

波動関数が奇パリティの場合，(9.43) 式と問題の条件から，

$$\psi_u(x) = \begin{cases} -B_u \cos k_2 |x| - C_u \sin k_2 |x| & \left(x < -\dfrac{a}{2}\right) \\ A_u \sin k_1 x & \left(|x| \le \dfrac{a}{2}\right) \\ B_u \cos k_2 |x| + C_u \sin k_2 |x| & \left(x > \dfrac{a}{2}\right) \end{cases}. \quad \text{(A.200)}$$

偶パリティのときと同様に境界条件を計算すると，

$$A_u \sin \frac{k_1 a}{2} = B_u \cos \frac{k_2 a}{2} + C_u \sin \frac{k_2 a}{2}, \quad \text{(A.201)}$$

$$k_1 A_u \cos \frac{k_1 a}{2} = -k_2 B_u \sin \frac{k_2 a}{2} + k_2 C_u \cos \frac{k_2 a}{2} \quad \text{(A.202)}$$

が得られる．この 2 式より，波動関数の満たすべき方程式は，

$$\begin{pmatrix} \sin(k_1 a/2) & -\cos(k_2 a/2) & -\sin(k_2 a/2) \\ k_1 \cos(k_1 a/2) & k_2 \sin(k_2 a/2) & -k_2 \cos(k_2 a/2) \end{pmatrix} \begin{pmatrix} A_g \\ B_g \\ C_g \end{pmatrix} = \mathbf{0}. \quad \text{(A.203)}$$

(A.199), (A.203) 式の係数行列の階数 (rank) は 2 である．すなわち，未知数の数（解ベクトルの次元）が 3 であるのに対し，一次独立な方程式の数は 2 個になる．したがって任意の $k_1, k_2$(すなわち任意の $E(> V_0)$) について 0 でない解をもち，線形独立な解ベクトルの数は 1 個である（さらに規格化条件を付けることにより，解は位相因子を除いて一つに定まる）．

**9.10** $A_g, A_u$ を実数とする．

偶関数の場合，

$$\begin{aligned} \int_{-\infty}^{\infty} |\psi_n(x)|^2 dx &= A_g^2 \int_{-a/2}^{a/2} \cos^2 k_n x\, dx \\ &= A_g^2 \left[ \frac{x}{2} + \frac{\sin 2k_n x}{4k_n} \right]_{-a/2}^{a/2} \\ &= A_g^2 \left\{ \frac{a}{2} + \frac{\sin k_n a}{2k_n} \right\} = \frac{A_g^2 a}{2}. \end{aligned} \quad \text{(A.204)}$$

規格化の条件 $|\Psi|^2 = 1$ を考慮すると，

$$A_g = \sqrt{\frac{2}{a}}. \quad \text{(A.205)}$$

奇関数の場合，同様に計算すると，

$$\int_{-\infty}^{\infty} |\psi_n(x)|^2 dx = A_u^2 \int \sin^2 k_n x \, dx$$

$$= A_u^2 \left[\frac{x}{2} - \frac{\sin 2k_n x}{4k_n}\right]_{-a/2}^{a/2}$$

$$= A_u^2 \left\{\frac{a}{2} - \frac{\sin k_n a}{2k_n}\right\} = \frac{A_u^2 a}{2}. \tag{A.206}$$

規格化の条件 $|\Psi|^2 = 1$ を考慮すると,

$$A_u = \sqrt{\frac{2}{a}}. \tag{A.207}$$

**9.11** $E < V_0$ の場合,波動関数は次のように書ける[*2].

$$\psi(x) = \begin{cases} 0 & (x < 0) \\ Ae^{ikx} + Be^{-ikx} & \left(0 \le x \le \dfrac{a}{2}\right) \\ Ce^{-\kappa x} & \left(x > \dfrac{a}{2}\right) \end{cases} \tag{A.208}$$

波動関数の連続性から

$$A + B = 0, \tag{A.209}$$

$$Ae^{i(a/2)k} + Be^{i(a/2)k} = Ce^{-(a/2)\kappa}. \tag{A.210}$$

さらに,導関数の連続性から

$$ikAe^{i(a/2)k} - ikBe^{i(a/2)k} = -\kappa Ce^{-(a/2)\kappa} \tag{A.211}$$

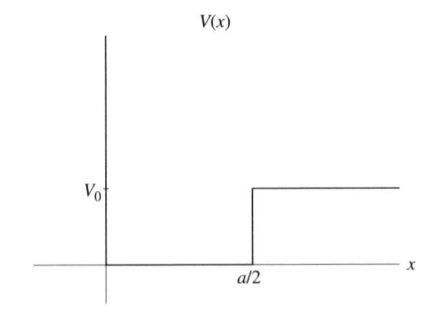

図 **A.6** 問題 9.11 のポテンシャル

---

[*2] $x = 0$ で $\psi(x) = 0$ となるよう,はじめから $\psi(x) = A \sin kx \ (0 \le x \le a/2)$ と選んでもよい.

が成立する．この (A.210),(A.211) 式に (A.209) 式を代入すると，

$$2iA\sin\frac{a}{2}x = Ce^{-(a/2)\kappa}, \tag{A.212}$$

$$2ikA\cos\frac{a}{2}k = -\kappa Ce^{-(a/2)\kappa} \tag{A.213}$$

となり，この 2 式から，

$$-\cot\frac{ak}{2} = \frac{\kappa}{k} \tag{A.214}$$

が得られる．この結果は (9.33) 式と一致する．(9.37) 式が解をもつ条件は，

$$\theta_0 \geq \pi \tag{A.215}$$

$$\Leftrightarrow \frac{a\sqrt{2mV_0}}{\hbar} \geq \pi, \tag{A.216}$$

$$\therefore V_0 \geq \frac{\hbar^2\pi^2}{2ma^2} \tag{A.217}$$

(A.217) 式が束縛状態が存在する $V_0$ の下限を与える．

## 9.12

$E < V_0$ の場合：偶パリティの場合，波動関数は次のように書ける．

$$\psi_g(x) = \begin{cases} A_g\cosh\kappa x = \frac{A_g}{2}\left(e^{\kappa x} + e^{-\kappa x}\right) & (|x| < a) \\ B_g\sin k(|x| - a - b) & (a \leq |x| \leq a+b). \\ 0 & (|x| > a+b) \end{cases} \tag{A.218}$$

ここで，$\psi_g(\pm(a+b)) = 0$ となるように，$a \leq |x| \leq a+b$ の関数を選んだ．波動関数の連続性から

$$\psi_g(x = a) = A_g\cosh\kappa a = -B_g\sin kb, \tag{A.219}$$

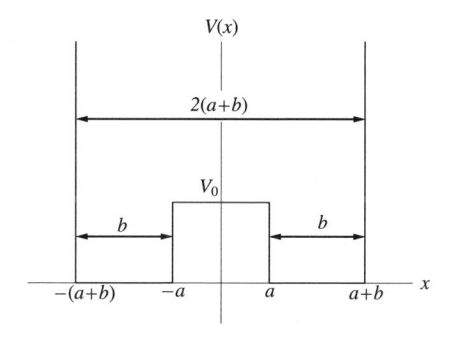

図 **A.7** 問題 9.12 のポテンシャル

導関数の連続性から

$$\psi'_g(x=a) = \kappa A_g \sinh \kappa a = k B_g \cos kb \tag{A.220}$$

が成立する．(A.219),(A.220) 式が 0 でない $A_g, B_g$ を解としてもつための条件から，系の固有値方程式として

$$-\cot kb = \frac{\kappa}{k} \tanh \kappa a \tag{A.221}$$

を得る．

奇パリティの場合，

$$\psi_u(x) = \begin{cases} A_u \sinh \kappa x = \dfrac{A_u}{2}\left(e^{\kappa x} - e^{-\kappa x}\right) & (-a < x < a) \\ -B_u \sin k(|x| - a - b) & (-(a+b) \leq x \leq a) \\ B_u \sin k(|x| - a - b) & (a \leq x \leq a+b) \\ 0 & (|x| > a+b) \end{cases} \tag{A.222}$$

偶パリティの場合と同様にして，固有値方程式は

$$-\cot kb = \frac{\kappa}{k} \coth \kappa a \tag{A.223}$$

となる．

$E > V_0$ の場合：偶パリティの場合，波動関数は次のように書ける．

$$\psi_g(x) = \begin{cases} A_g \cos k_1 x & (|x| < a) \\ B_g \sin k_2(|x| - a - b) & (a \leq |x| \leq a+b) \\ 0 & (|x| > a+b) \end{cases} \tag{A.224}$$

波動関数の連続性から

$$\psi_g(x=a) = A_g \cos k_1 a = -B_g \sin k_2 b, \tag{A.225}$$

導関数の連続性から

$$\psi'_g(x=a) = -k_1 A_g \sin k_1 a = k_2 B_g \cos k_2 b \tag{A.226}$$

が成立する．(A.225),(A.226) 式が 0 でない $A_g, B_g$ を解としてもつための条件から，固有値方程式として

$$-\cot k_2 b = -\frac{k_1}{k_2} \tan k_1 a \tag{A.227}$$

を得る．

奇パリティの場合,

$$\psi_u(x) = \begin{cases} A_u \sin k_1 x & (|x| < a) \\ -B_u \sin k(|x| - a - b) & (-(a+b) \leq x \leq a) \\ B_u \sin k(|x| - a - b) & (a \leq x \leq a+b) \\ 0 & (|x| > a+b) \end{cases}. \quad (A.228)$$

偶パリティの場合と同様にして，固有値方程式は

$$-\cot k_2 b = \frac{k_1}{k_2} \cot k_1 a \quad (A.229)$$

となる．

これらの固有値方程式（永年方程式）は，本文 (9.32) や (9.33) 式のように解析的に解を求めることはできないので，グラフを用いるか，計算機を用いて数値的な解を求めることが必要である．また，上の例では $\kappa$ や $k_1$ が実数となるよう，便宜上 $E < V_0$ と $E > V_0$ の場合分けをしたが，$\kappa = ik_1$ とおき，$\tanh ix = i \tan x$ などに注意すれば，(A.221) と (A.227) 式，および (A.223) と (A.229) 式は等価であり，虚数の波数を許せば，エネルギーによる場合分けは必ずしも必要ではない．

$V_0 \to \infty$ の場合：$\kappa \to \infty$ となり，(A.221) および (A.223) 式の解は

$$k = \frac{(n+1)\pi}{b} \equiv k_n \quad (A.230)$$

となる．ここで $n = 0, 1, 2, \ldots$ である．対応するエネルギー固有値は,

$$E_n = \frac{\hbar^2 k_n^2}{2m} = \frac{\hbar^2 (n+1)^2 \pi^2}{2mb^2}. \quad (A.231)$$

また，各々のエネルギー固有値に対応する規格化された波動関数は

$$\psi_n(x) = \begin{cases} 0 & (|x| < a, \ |x| > a+b) \\ \pm\sqrt{\frac{1}{b}} \sin k_n(|x| - a) & (-(a+b) \leq x \leq -a) \\ \sqrt{\frac{1}{b}} \sin k_n(|x| - a) & (a \leq x \leq a+b) \end{cases}. \quad (A.232)$$

となる．ここで，$-(a+b) \leq x \leq -a$ の関数の符号は，偶パリティのとき正，奇パリティのとき負となる．(A.231) 式は，井戸幅が $b$ の無限に深い井戸型ポテンシャルのエネルギー固有値に等しい．$V_0 \to \infty$ のとき，関数は $V_0$ で隔てられた2つの井戸の内部に局在し，偶，奇パリティの波動関数のエネルギーに差がなくなって，各々のエネルギー固有値は二重に縮退する．

$V_0 \to 0$ の場合：$k_1 = k_2$ となり，(A.227) および (A.229) 式の解は，まとめて

$$k_1 = k_2 = \frac{(n+1)\pi}{2(a+b)} \equiv k_n \tag{A.233}$$

と書ける．対応するエネルギー固有値および規格化された波動関数は

$$E_n = \frac{\hbar^2 k^2}{2m} = \frac{\hbar^2 (n+1)^2 \pi^2}{8m(a+b)^2}, \tag{A.234}$$

$$\psi_n(x) = \begin{cases} \sqrt{\dfrac{1}{a+b}} \cos k_n x & (|x| \leq a+b,\ n:\text{偶数}) \\ \sqrt{\dfrac{1}{a+b}} \sin k_n x & (|x| \leq a+b,\ n:\text{奇数}) \\ 0 & (|x| > a+b) \end{cases} \tag{A.235}$$

となる．これらは井戸幅 $2(a+b)$ の，無限に深い井戸型ポテンシャルのエネルギー固有値および波動関数に等しい．

$V_0$ が有限の値をとる場合，$V_0$ が増大するにつれて基底状態 $(n=0)$ と第一励起状態 $(n=1)$ のエネルギー固有値は徐々に近づいていき，$V_0 \to \infty$ で両者は完全に縮退する．同様に，励起状態の隣接する偶および奇のパリティをもつ波動関数の固有エネルギーも各々縮退することになる（図 A.8）．

また，$V_0$ を有限かつ一定にして，ポテンシャル障壁の幅を変化させたときの固有エネルギーの変化も興味深い（図 A.9）．障壁の幅が広いときは，$E < V_0 \,(\theta < \theta_0)$ における偶，奇のパリティの波動関数はほぼ縮退してるが，障壁の幅が狭くなるにつれ縮退が解け，偶パリティのエネルギーは下がり，奇パリティのエネルギーは上がる．これらは，共有結合の分子における結合性軌道と反結合性軌道の様子に例えることができる．例として，$\theta_0 = 10, a/b = 0.2$ のときの，波動関数のいくつかを示しておこう（図 A.10）．

## 第 10 章

**10.1**

$$H_n(q) = (2q)^n - \frac{n(n-1)}{1!}(2q)^{n-2} + \frac{n(n-1)(n-2)(n-3)}{2!}(2q)^{n-4} - \cdots$$

$$= \sum_{k=0}^{[n/2]} (-1)^k \frac{n!}{k!(n-2k)!}(2q)^{n-2k}. \tag{A.236}$$

ここで，$[x]$ は $x$ を超えない最大の整数を表す．

1) 
$$\frac{d}{dq} H_n(q) = \sum_{k=0}^{[(n-1)/2]} (-1)^k \frac{n!}{k!(n-2k)!} 2(n-2k)(2q)^{n-1-2k}$$

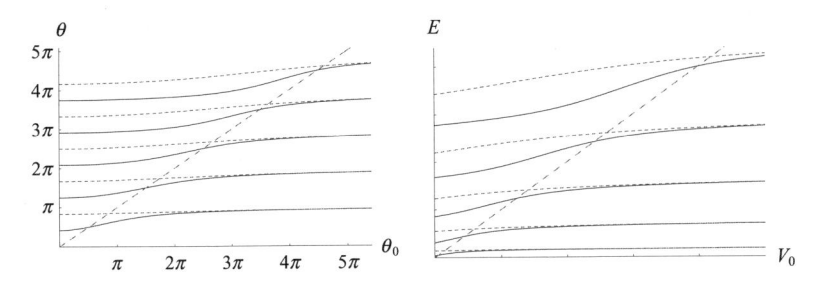

図 **A.8** $V_0$ を変化させたときの (A.221) および (A.223) 式または (A.227) および (A.229) 式の数値解 ($a/b = 0.2$)
実線は偶パリティ，点線は奇パリティの波動関数に関する解を示す．左図は解となる $\theta(= kb)$ の値を $\theta_0(= \sqrt{U_0}b = \sqrt{2mV_0}b/\hbar)$ に対してプロットしたもの，右図は同じ解をエネルギー $E$ および $V_0$ のスケールでプロットしたもの．破線は $\theta = \theta_0$ すなわち $E = V_0$ の線で，それより下は $E < V_0$ の解，上は $E > V_0$ の解を表す．

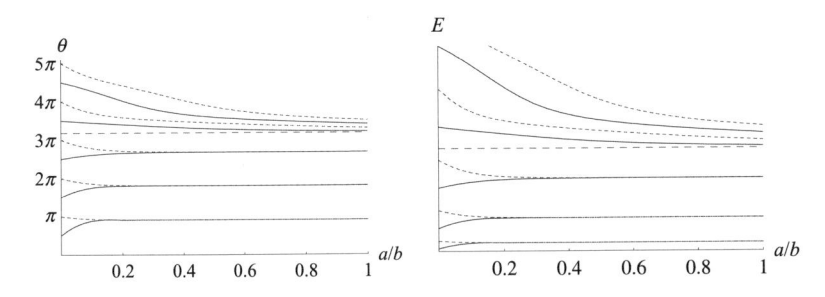

図 **A.9** $b$ を一定とし，$a$ を変化させたときの (A.221) および (A.223) 式または (A.227) および (A.229) 式の数値解の変化 ($\theta_0 = 10$)
実線は偶パリティ，点線は奇パリティの波動関数に関する解を，$\theta$ (左) およびエネルギー (右) のスケールでプロットしたもの．水平の破線は $\theta_0$ あるいは $V_0$ の線である．

$$\begin{aligned}
&= 2n \sum_{k=0}^{[(n-1)/2]} (-1)^k \frac{(n-1)!}{k!(n-1-2k)!} (2q)^{n-1-2k} \\
&= 2n H_{n-1}(q).
\end{aligned} \tag{A.237}$$

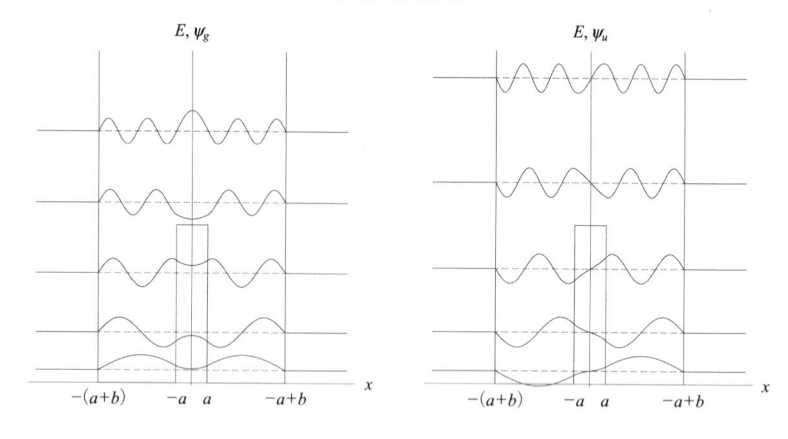

図 A.10 $\theta_0 = 10$, $a/b = 0.2$ のときの偶パリティ (左) および奇パリティ (右) の波動関数の例

2)
$$\left(2q - \frac{d}{dq}\right) H_n(q)$$
$$= \sum_{k=0}^{[n/2]} (-1)^k \frac{n!}{k!(n-2k)!} (2q)^{n+1-2k} - \sum_{k=0}^{[(n-1)/2]} (-1)^k \frac{2n!}{k!(n-1-2k)!} (2q)^{n-1-2k}$$
$$= \sum_{k=0}^{[n/2]} (-1)^k \frac{n!}{k!(n-2k)!} (2q)^{n+1-2k} - \sum_{k=1}^{[(n+1)/2]} (-1)^{k-1} \frac{2n!}{(k-1)!(n+1-2k)!} (2q)^{n+1-2k}$$
$$= \sum_{k=0}^{[(n+1)/2]} (-1)^k \frac{n!(n+1-2k) + 2n!k}{k!(n+1-2k)!} (2q)^{n+1-2k}$$
$$= \sum_{k=0}^{[(n+1)/2]} \frac{(n+1)!}{k!(n+1-2k)!} (2q)^{n+1-2k}$$
$$= H_{n+1}(q). \tag{A.238}$$

**10.2**
$$\psi_n(q) = A_n e^{-q^2/2} H_n(q) \tag{A.239}$$

規格化条件は
$$\int_{-\infty}^{\infty} \psi_n^*(q)\psi_n(q)dq = |A_n|^2 \int_{-\infty}^{\infty} e^{-q^2} (H_n(q))^2 dq = 1. \tag{A.240}$$

ここで, $I_n \equiv \int_{-\infty}^{\infty} e^{-q^2} (H_n(q))^2 dq$ を求めると

$$I_0 = \int_{-\infty}^{\infty} e^{-q^2} dq = \sqrt{\pi}, \tag{A.241}$$

問題 10.1 の結果を用いて

$$\begin{aligned}
I_n &= \int_{-\infty}^{\infty} e^{-q^2} (H_n(q))^2 dq \\
&= \int_{-\infty}^{\infty} e^{-q^2} H_n(q) \left(2q - \frac{d}{dq}\right) H_{n-1}(q) dq \\
&= \int_{-\infty}^{\infty} e^{-q^2} \left(\frac{d}{dq} H_n(q)\right) H_{n-1}(q) dq \\
&= 2n \int_{-\infty}^{\infty} e^{-q^2} (H_{n-1}(q))^2 dq \\
&= 2n I_{n-1} = \cdots = 2^n n! I_0 = 2^n n! \sqrt{\pi} \tag{A.242}
\end{aligned}$$

を得る．よって，$A_n$ を実数に選べば

$$A_n = \frac{1}{\sqrt{I_n}} = \frac{1}{\pi^{1/4} (2^n n!)^{1/2}}. \tag{A.243}$$

**10.3** 以下では調和振動子の固有関数 $\psi_n(x)$ を単に $\psi(x)$ と書く．
$n$ が偶数のとき $\psi(x)$ は偶関数で，$\psi(-x) = \psi(x)$．
$n$ が奇数のとき $\psi(x)$ は奇関数で，$\psi(-x) = -\psi(x)$．
したがって，

$$f(x) = \psi^*(x) \, x \, \psi(x) \tag{A.244}$$

とすると，

$$\begin{aligned}
f(-x) &= \psi^*(-x) \, (-x) \, \psi(-x) \\
&= (\pm \psi^*(x)) \, (-x) \, (\pm \psi(x)) \\
&= -\psi^*(x) \, x \, \psi(x) \\
&= -f(x) \tag{A.245}
\end{aligned}$$

となり（符号同順），$f(x)$ は奇関数となる．したがって，

$$\langle x \rangle = \int_{-\infty}^{\infty} \psi^*(x) \, x \, \psi(x) dx = 0. \tag{A.246}$$

また，

$$g(x) = \psi^*(x) \frac{d}{dx} \psi(x) \tag{A.247}$$

とすると，

$$\begin{aligned}
g(-x) &= \psi^*(-x)\frac{d}{d(-x)}\psi(-x) \\
&= (\pm\psi^*(x))\frac{d}{d(-x)}(\pm\psi(x)) \\
&= \psi^*(x)\frac{d}{d(-x)}\psi(x) \\
&= -\psi^*(x)\frac{d}{dx}\psi(x) \\
&= -g(x)
\end{aligned} \quad (\text{A.248})$$

となり，$g(x)$ も奇関数となる．したがって，

$$\langle p \rangle = -i\hbar \int_{-\infty}^{\infty} \psi^*(x)\frac{d}{dx}\psi(x)dx = 0. \quad (\text{A.249})$$

**10.4**

$$\psi_0(x) = \frac{1}{\pi^{1/4}\beta^{1/2}}e^{-x^2/2\beta^2}, \quad (\text{A.250})$$

$$\beta = \sqrt{\frac{\hbar}{m\omega_0}} \quad (\text{A.251})$$

とすると，

$$\begin{aligned}
\langle T \rangle &= -\frac{\hbar^2}{2m}\int_{-\infty}^{\infty}\psi^*(x)\frac{d^2}{dx^2}\psi(x)dx \\
&= -\frac{\hbar^2}{2m}\frac{1}{\sqrt{\pi}\beta}\int_{-\infty}^{\infty}\left(-\frac{1}{\beta^2}+\frac{x^2}{\beta^4}\right)e^{-x^2/\beta^2}dx \\
&= -\frac{\hbar^2}{2m}\frac{1}{\sqrt{\pi}\beta^2}\int_{-\infty}^{\infty}(t^2-1)e^{-t^2}dt \quad \left(t \equiv \frac{x}{\beta}\right) \\
&= -\frac{\hbar^2}{2m}\frac{1}{\sqrt{\pi}\beta^2}\left(-\frac{\sqrt{\pi}}{2}\right) \\
&= \frac{\hbar^2}{4m\beta^2} \\
&= \frac{\hbar\omega_0}{4}, \quad (\text{A.252})
\end{aligned}$$

$$\langle V \rangle = \frac{m\omega_0^2}{2} \int_{-\infty}^{\infty} \psi^*(x) x^2 \psi(x) dx$$

$$= \frac{m\omega_0^2}{2} \frac{1}{\sqrt{\pi}\beta} \int_{-\infty}^{\infty} x^2 e^{-x^2/\beta^2} dx$$

$$= \frac{m\omega_0^2}{2} \frac{\beta^2}{\sqrt{\pi}} \int_{-\infty}^{\infty} t^2 e^{-t^2} dt \quad \left( t \equiv \frac{x}{\beta} \right)$$

$$= \frac{m\omega_0^2}{2} \frac{\beta^2}{\sqrt{\pi}} \frac{\sqrt{\pi}}{2}$$

$$= \frac{m\omega_0^2 \beta^2}{4}$$

$$= \frac{\hbar\omega_0}{4}, \tag{A.253}$$

$$\therefore \quad \langle T \rangle = \langle V \rangle = \frac{\hbar\omega_0}{4}. \tag{A.254}$$

**10.5** ポテンシャル (10.1) 上でエネルギー $E$ をもつ古典的粒子の座標を $x(t)$ とすると，

$$x(t) = a \sin \omega_0 t, \qquad a = \sqrt{\frac{2E}{m\omega_0^2}} \tag{A.255}$$

となる．粒子は $x = -a$ と $x = a$ の間を往復運動する．いま，任意のランダムな時間において粒子を $x$ と $x + dx$ の間にみいだす確率を $P(x)dx$ とする．$P(x)dx$ は，運動している粒子の $x$ と $x + dx$ の間における滞在時間 $|dt|$ に比例すると考えられるから，

$$P(x)dx = C|dt| = C \left| \frac{dt}{dx} \right| dx = \frac{C}{|v(x)|} dx. \tag{A.256}$$

ここで，$|v(x)|$ は $x$ における粒子の速さである．$C$ は比例定数で，粒子が到達しうる範囲で積分した全確率が 1 となるよう

$$\int_{-a}^{a} P(x) dx = 1 \tag{A.257}$$

により定める．(A.255) 式より，

$$|v| = \left| \frac{dx}{dt} \right| = |a\omega_0 \cos \omega_0 t| = \omega_0 \sqrt{a^2 - x^2}. \tag{A.258}$$

したがって，

$$P(x)dx = \frac{C}{\omega_0 \sqrt{a^2 - x^2}} dx \tag{A.259}$$

を得る．また，
$$\int_{-a}^{a} P(x)dx = \frac{C\pi}{\omega_0} = 1 \tag{A.260}$$
より，$C = \omega_0/\pi$．したがって，求める確率密度 $P(x)$ として，
$$P(x) = \frac{1}{\pi\sqrt{a^2 - x^2}} \tag{A.261}$$
を得る．

図 A.11 に，$P(x)$ のグラフを示す．また，図 A.12 に，$P(x)$ と調和振動子の波動関数における粒子の存在確率 $|\psi_n(x)|^2$ とを比較したものを示す．大きな $n$ に対するエネルギー固有状態では，$|\psi_n(x)|^2$ は概ね古典粒子のそれ $P(x)$ に似ているが，$|\psi_n(x)|^2$ は激しく振動することと，古典粒子の存在しえない $|x| > a$ の領域でも有限の存在確率をもつ点が異なる．多くの $n$ に対する $|\psi_n(x)|^2$ を平均することで，各々の $n$ に対する $|\psi_n(x)|^2$ の振動が打ち消し合い，古典粒子の $P(x)$

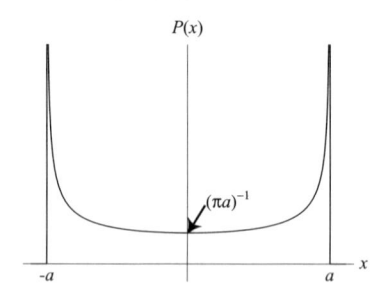

図 **A.11** 古典粒子の存在確率密度 $P(x)$ のグラフ

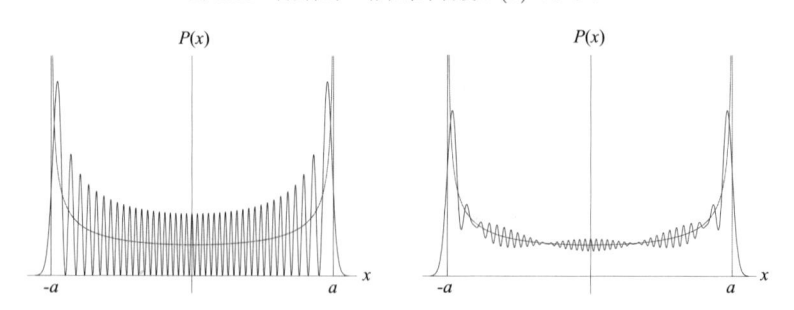

図 **A.12** 調和振動子の波動関数における粒子の存在確率 $|\psi(x)|^2$ (実線) と，同じエネルギーをもつ古典粒子の $P(x)$ (破線) との比較
左図は $n = 40$ のエネルギー固有状態における粒子の存在確率 $|\psi_{40}(x)|^2$ の場合を，右図は $n = 38$ から $42$ までの固有状態における $|\psi_n(x)|^2$ の平均値 $(1/5)\sum_{n=38}^{40} |\psi_n(x)|^2$ の場合を示す．

により近づくことがわかる.

**10.6**

1)
$$\frac{\hbar\omega_0}{2} \approx \frac{1.05 \times 10^{-34}\,(\text{J s}) \cdot 2\pi \cdot 1 \times 10^3\,(\text{s}^{-1})}{2}$$
$$\approx 3 \times 10^{-31}\,(\text{J})$$
$$\approx 2 \times 10^{-12}\,(\text{eV}). \tag{A.262}$$

$$a_0 = \sqrt{\frac{2E}{m\omega_0^2}} = \sqrt{\frac{\hbar\omega_0}{m\omega_0^2}} = \sqrt{\frac{\hbar}{m\omega_0}}$$
$$\approx \sqrt{\frac{1.05 \times 10^{-34}\,(\text{J s})}{1 \times 10^{-6}(\text{kg}) \cdot 2\pi \cdot 1 \times 10^3\,(\text{s}^{-1})}}$$
$$\approx 5 \times 10^{-17}\,(\text{m}). \tag{A.263}$$

2)
$$k_B T \approx 1.38 \times 10^{-23}\,(\text{J K}^{-1}) \cdot 3 \times 10^2\,(\text{K})$$
$$\approx 4 \times 10^{-21}\,(\text{J}), \tag{A.264}$$

$$\left(n + \frac{1}{2}\right)\hbar\omega_0 = k_B T, \tag{A.265}$$

$$n = \frac{k_B T}{\hbar\omega_0} - \frac{1}{2}$$
$$\approx \frac{4 \times 10^{-21}\,(\text{J})}{6 \times 10^{-31}\,(\text{J})} \approx 7 \times 10^9. \tag{A.266}$$

$$a_{\text{thermal}} = \sqrt{\frac{2E}{m\omega_0^2}} = \sqrt{\frac{2k_B T}{m\omega_0^2}}$$
$$\approx \sqrt{\frac{8 \times 10^{-21}\,(\text{J})}{1 \times 10^{-6}(\text{kg}) \cdot (2\pi \cdot 1 \times 10^3\,(\text{s}^{-1}))^2}}$$
$$\approx 1 \times 10^{-11}\,(\text{m}). \tag{A.267}$$

3)
$$\hbar\omega_0 \ll k_B T, \tag{A.268}$$
$$a_0 \ll a_{\text{thermal}} \tag{A.269}$$

であるから，エネルギーの面でも振幅の面でも，量子的振動を表す特徴的な量は熱的擾乱のそれに比べて非常に小さく，その観測は非常に困難（ほぼ不可能）である．

**10.7** 問題 10.3 より,

$$\langle x \rangle = \langle p \rangle = 0. \tag{A.270}$$

また, 問題 10.4 と同様に計算して

$$\langle x^2 \rangle = \frac{\hbar}{2m\omega_0}, \tag{A.271}$$

$$\langle p^2 \rangle = \frac{2m\hbar\omega_0}{2}. \tag{A.272}$$

したがって,

$$\Delta x = \sqrt{\langle x^2 \rangle - \langle x \rangle} = \sqrt{\frac{\hbar}{2m\omega_0}}, \tag{A.273}$$

$$\Delta p = \sqrt{\langle p^2 \rangle - \langle p \rangle} = \sqrt{\frac{2m\hbar\omega_0}{2}}. \tag{A.274}$$

$$\therefore \quad \Delta x \Delta p = \frac{\hbar}{2}. \tag{A.275}$$

$x$ と $\hat{p}$ のかわりに $q$ と $\hat{p}_q$ を用いた場合, 同様にして

$$\Delta q = \frac{1}{\sqrt{2}}, \qquad \Delta p_q = \frac{1}{\sqrt{2}}, \tag{A.276}$$

$$\Delta q \Delta p_q = \frac{1}{2}. \tag{A.277}$$

## 第 11 章

**11.1** $m = 1.0 \times 10^{-3}$ (kg), $d = 1.0 \times 10^{-6}$ (m) の場合,

$$\begin{aligned} t &= \frac{m}{\hbar} d^2 \\ &= \frac{1.0 \times 10^{-3} \text{ (kg)} \times 1.0 \times 10^{-6 \times 2} \text{ (m)}}{1.1 \times 10^{-34} \text{ (J s)}} \\ &\doteqdot 1 \times 10^{19} \text{ (s)} \end{aligned} \tag{A.278}$$

$$\doteqdot 3000 \text{ 億年}. \tag{A.279}$$

最近の研究結果によると, 宇宙の年齢は約 140 億年と考えられている. それと比較するとこのような条件の波束は事実上拡がらないと考えてよい.

$m \sim 9 \times 10^{-31}$ (kg), $d = 1.0 \times 10^{-9}$ (m) の場合,

$$t = \frac{m}{\hbar}d^2$$
$$= \frac{9.0 \times 10^{-31}\,(\text{kg}) \times 1.0 \times 10^{-9 \times 2}\,(\text{m})}{1.1 \times 10^{-34}\,(\text{J s})}$$
$$\doteqdot 9 \times 10^{-15}\,(\text{s}) \tag{A.280}$$

となり，この場合には波束は非常に短い時間で拡がってしまう．

**11.2** 初期波束を，

$$\Psi(x, 0) = f(x), \tag{A.281}$$

$$\left.\frac{\partial}{\partial t}\Psi(x, t)\right|_{t=0} = -v\frac{\partial}{\partial x}\Psi(x, 0) = -v\frac{\partial}{\partial x}f(x) \tag{A.282}$$

とし，古典的波動方程式

$$v^2\frac{\partial^2}{\partial x^2}\Psi(x, t) = \frac{\partial^2}{\partial t^2}\Psi(x, t) \tag{A.283}$$

を用いて，時間が経過したときの波束 $\Psi(x, t)$ を計算する．

いま，フーリエ変換を用いて

$$\Psi(x, t) = \frac{1}{\sqrt{2\pi}}\int_{\infty}^{\infty} F(k, t)e^{ikx}dk \tag{A.284}$$

と変形し (A.283) 式に代入すると，

$$-k^2v^2 F(k, t) = \frac{\partial^2}{\partial t^2}F(k, t) \tag{A.285}$$

を得る．この一般解は

$$F(k, t) = A(k)e^{ikvt} + B(k)e^{-ikvt}. \tag{A.286}$$

ここで $A(k)$, $B(k)$ はそれぞれ任意の関数であり，これらは初期条件によって決まる．これを用いると $\Psi(x, t)$ は

$$\Psi(x, t) = \frac{1}{\sqrt{2\pi}}\int_{\infty}^{\infty}\left\{A(k)e^{ik(x+vt)}dk + B(k)e^{ik(x-vt)}dk\right\} \tag{A.287}$$

と書ける．初期条件 (A.281) 式と比較すると，

$$\Psi(x, 0) = f(x) = \frac{1}{\sqrt{2\pi}}\int_{\infty}^{\infty}(A(k) + B(k))e^{ikx}dk \tag{A.288}$$

となる．またさらに

$$\left.\frac{\partial}{\partial t}\Psi(x,t)\right|_{t=0} = \frac{ikv}{\sqrt{2\pi}}\int_{\infty}^{\infty}\left(A(k)-B(k)\right)e^{ikx}dk, \tag{A.289}$$

$$-v\frac{\partial}{\partial x}f(x) = -\frac{ikv}{\sqrt{2\pi}}\int_{\infty}^{\infty}\left(A(k)+B(k)\right)e^{ikx}dk \tag{A.290}$$

より，初期条件 (A.282) 式から

$$A(k) = 0. \tag{A.291}$$

以上より

$$\begin{aligned}\Psi(x,t) &= \frac{1}{\sqrt{2\pi}}\int_{-\infty}^{\infty}B(k)e^{ik(x-vt)}\\ &= f(x-vt) = \Psi(x-vt,0)\end{aligned} \tag{A.292}$$

となり，これは $t=0$ のときの波束 $f(x)$ を $vt$ だけ平行移動した関数である．したがって波束は時間が経過しても形を変えずに速度 $v$ で伝搬する．

また特に初期条件 (A.282) が

$$\left[\frac{\partial}{\partial t}\Psi(x,t)\right]_{t=0} = 0 \tag{A.293}$$

の場合，

$$A(k) = B(k), \tag{A.294}$$

$$f(x) = \frac{1}{\sqrt{2\pi}}\int_{\infty}^{\infty}2A(k)e^{ikx}dk, \tag{A.295}$$

$$\Psi(x,t) = \frac{1}{2}\left(f(x-vt)+f(x+vt)\right) \tag{A.296}$$

となり，時間が経過すると波束が形を保ったまま二つに分かれ，逆方向に速度 $\pm v$ で伝搬していくことになる．

別　解：フーリエ変換をしなくとも，洞察により，初期条件 (A.281) をもつ (A.283) 式の解が

$$\Psi(x,t) = f(x \pm vt) \tag{A.297}$$

の形をもつことがわかる（実際に $f(x \pm vt)$ を $x$ および $t$ で偏微分してみるとわかる）．したがって一般解は

$$\Psi(x,t) = Af(x+vt) + Bf(x-vt) \tag{A.298}$$

である（$A, B$ は定数で，$A+B=1$ を満たす）．初期条件 (A.282) より，$A=0$, $B=1$. したがって

$$\Psi(x,t) = f(x-vt) = \Psi(x-vt,0) \tag{A.299}$$

となり，波束 $\Psi(x,t)$ はその形を変えずに速度 $v$ で $x$ の正方向に移動することがわかる．

また，$A, B$ ともに 0 でないときには，波束は $x$ の正負の両方向に移動する二つの波束に分離する．そのとき，二つの波束が重なり合っている時間内では干渉により波束の形が変化するが，波束が十分に離れた後では，二つの波束は初期の波束の形を保ち，お互いに反対方向に移動していく．

**11.3** 以下では，$\alpha$ と $\tilde{\alpha}$ を区別せず，$\alpha$ が一般の複素数である場合を考える．

$$\begin{aligned}
c_n &= \int_{-\infty}^{\infty} \psi_n^*(q)\psi_{(\alpha)}(q)dq \\
&= \frac{C}{\pi^{1/4}(2^n n!)^{1/2}} \int_{-\infty}^{\infty} e^{-q^2/2} e^{-(q-\sqrt{2}\alpha)^2/2} H_n(q) dq \\
&= \frac{C}{\pi^{1/4}(2^n n!)^{1/2}} \int_{-\infty}^{\infty} e^{-q^2/2} e^{-(q-\sqrt{2}\alpha)^2/2} \left(2q - \frac{d}{dq}\right) H_{n-1}(q) dq \\
&= \frac{C\sqrt{2}\alpha}{\pi^{1/4}(2^n n!)^{1/2}} \int_{-\infty}^{\infty} e^{-q^2/2} e^{-(q-\sqrt{2}\alpha)^2/2} H_{n-1}(q) dq \\
&= \frac{\alpha}{\sqrt{n}} c_{n-1} = \cdots = \frac{\alpha^n}{\sqrt{n!}} c_0.
\end{aligned} \qquad \text{(A.300)}$$

規格化条件 $\sum_n |c_n|^2 = 1$ より，

$$|c_0|^2 \sum_n \frac{|\alpha|^{2n}}{n!} = 1,$$

$$|c_0|^2 e^{|\alpha|^2} = 1,$$

$$\therefore |c_0| = e^{-|\alpha|^2/2}. \qquad \text{(A.301)}$$

$c_0$ を実数に選べば，

$$c_0 = e^{-|\alpha|^2/2} \qquad \text{(A.302)}$$

となる．一方，

$$\begin{aligned}
c_0 &= \int_{-\infty}^{\infty} \psi_0^*(q)\psi_{(\alpha)}(q) dq \\
&= \frac{C}{\pi^{1/4}} \int_{-\infty}^{\infty} e^{-q^2/2} e^{-(q-\sqrt{2}\alpha)^2/2} dq \\
&= C e^{-\alpha^2/2}
\end{aligned} \qquad \text{(A.303)}$$

より，

$$C = e^{(\alpha^2 - |\alpha|^2)/2} = e^{-(\mathrm{Im}\alpha)^2} e^{i\mathrm{Re}\alpha\mathrm{Im}\alpha}, \tag{A.304}$$

$$|C| = e^{-(\mathrm{Im}\alpha)^2} \tag{A.305}$$

を得る.

**11.4**

$$\begin{aligned}
\langle q \rangle &= \int_{-\infty}^{\infty} \psi_{(\tilde{\alpha})}^{*}(q) q \psi_{(\tilde{\alpha})}(q) dq \\
&= \frac{e^{-2(\mathrm{Im}\tilde{\alpha})^2}}{\sqrt{\pi}} \int_{-\infty}^{\infty} e^{-(q-\sqrt{2}\tilde{\alpha}^*)^2/2} q e^{-(q-\sqrt{2}\tilde{\alpha})^2/2} dq \\
&= \frac{1}{\sqrt{\pi}} \int_{-\infty}^{\infty} e^{-(q-\sqrt{2}\mathrm{Re}\tilde{\alpha})^2} q\, dq \\
&= \sqrt{2}\mathrm{Re}\tilde{\alpha} \\
&= q_0 \cos\omega_0 t, \tag{A.306}
\end{aligned}$$

$$\begin{aligned}
\langle p \rangle &= -i \int_{-\infty}^{\infty} \psi_{(\tilde{\alpha})}^{*}(q) \frac{\partial}{\partial q} \psi_{(\tilde{\alpha})}(q) dq \\
&= -i \frac{e^{-2(\mathrm{Im}\tilde{\alpha})^2}}{\sqrt{\pi}} \int_{-\infty}^{\infty} e^{-(q-\sqrt{2}\tilde{\alpha}^*)^2/2} \frac{\partial}{\partial q} e^{-(q-\sqrt{2}\tilde{\alpha})^2/2} dq \\
&= \frac{i}{\sqrt{\pi}} \int_{-\infty}^{\infty} e^{-(q-\sqrt{2}\mathrm{Re}\tilde{\alpha})^2} (q - \sqrt{2}\tilde{\alpha}) dq \\
&= \sqrt{2}\,\mathrm{Im}\tilde{\alpha} \\
&= -q_0 \sin\omega_0 t. \tag{A.307}
\end{aligned}$$

**11.5**

$$\begin{aligned}
\langle q^2 \rangle &= \int_{-\infty}^{\infty} \psi_{(\tilde{\alpha})}^{*}(q) q^2 \psi_{(\tilde{\alpha})}(q) dq \\
&= \frac{e^{-2(\mathrm{Im}\tilde{\alpha})^2}}{\sqrt{\pi}} \int_{-\infty}^{\infty} e^{-(q-\sqrt{2}\tilde{\alpha}^*)^2/2} q^2 e^{-(q-\sqrt{2}\tilde{\alpha})^2/2} dq \\
&= \frac{1}{\sqrt{\pi}} \int_{-\infty}^{\infty} e^{-(q-\sqrt{2}\mathrm{Re}\tilde{\alpha})^2} q^2\, dq \\
&= 2(\mathrm{Re}\tilde{\alpha})^2 + \frac{1}{2} \\
&= \langle p \rangle^2 + \frac{1}{2} \\
&= q_0^2 \cos^2\omega_0 t + \frac{1}{2}, \tag{A.308}
\end{aligned}$$

$$\begin{aligned}
\langle p^2 \rangle &= -\int_{-\infty}^{\infty} \psi_{(\tilde{\alpha})}^*(q) \frac{\partial^2}{\partial q^2} \psi_{(\tilde{\alpha})}(q) dq \\
&= -\frac{e^{-2(\mathrm{Im}\tilde{\alpha})^2}}{\sqrt{\pi}} \int_{-\infty}^{\infty} e^{-(q-\sqrt{2}\tilde{\alpha}^*)^2/2} \frac{\partial^2}{\partial q^2} e^{-(q-\sqrt{2}\tilde{\alpha})^2/2} dq \\
&= -\frac{1}{\sqrt{\pi}} \int_{-\infty}^{\infty} e^{-(q-\sqrt{2}\mathrm{Re}\tilde{\alpha})^2} \{(q-\sqrt{2}\tilde{\alpha})^2 - 1\} dq \\
&= 2(\mathrm{Im}\tilde{\alpha})^2 + \frac{1}{2} \\
&= \langle p \rangle^2 + \frac{1}{2} \\
&= q_0^2 \sin^2 \omega_0 t + \frac{1}{2}.
\end{aligned} \quad (\text{A.309})$$

以上より,

$$\langle K \rangle = \frac{\hbar\omega_0}{2} \langle p^2 \rangle = \frac{\hbar\omega_0}{2} \left( q_0^2 \sin^2 \omega_0 t + \frac{1}{2} \right), \quad (\text{A.310})$$

$$\langle V \rangle = \frac{\hbar\omega_0}{2} \langle q^2 \rangle = \frac{\hbar\omega_0}{2} \left( q_0^2 \cos^2 \omega_0 t + \frac{1}{2} \right), \quad (\text{A.311})$$

$$\langle H \rangle = \frac{\hbar\omega_0}{2} \left( \langle p^2 \rangle + \langle q^2 \rangle \right) = \frac{\hbar\omega_0}{2} (q_0^2 + 1) = \hbar\omega_0 \left( |\alpha|^2 + \frac{1}{2} \right). \quad (\text{A.312})$$

**参　考**：実は，前問やこの問題で行ったような計算は，演算子をうまく使うことで簡単な代数的計算に帰着させることができる．そのような演算子代数の方法については，例えば，本シリーズの中島康治『量子力学—概念とベクトル・マトリクス展開—』をみよ．

**11.6**

$$\begin{aligned}
\left|\psi_{(\tilde{\alpha})}(q)\right|^2 &= \frac{|C|^2}{\sqrt{\pi}} e^{-(q-\sqrt{2}\tilde{\alpha}^*)^2/2} e^{-(q-\sqrt{2}\tilde{\alpha})^2/2} \\
&= \frac{|C|^2}{\sqrt{\pi}} e^{-(q-\sqrt{2}\mathrm{Re}\,\tilde{\alpha})^2 + 2(\mathrm{Im}\,\tilde{\alpha})^2} \\
&= \frac{1}{\sqrt{\pi}} e^{-(q-\sqrt{2}\mathrm{Re}\,\tilde{\alpha})^2} \\
&= \frac{1}{\sqrt{\pi}} e^{-(q-q_0 \cos \omega_0 t)^2}.
\end{aligned} \quad (\text{A.313})$$

したがって，波束は形を変えず重心は角振動数 $\omega_0$ で往復運動をする．

# 結び ―次のステップへ向けて―

　本書『量子力学基礎』では，量子力学を初めて学ぶ電気・電子・情報系の工学部学生を対象として，量子力学を学ぶ上で最も基本となる事項について学んだ．量子力学の歴史的な成り立ちから始め，量子力学の2つの側面（波動力学と行列力学）のうち，主に波動力学についてその論理的構成の基礎を学んだ後，1次元の量子系（自由粒子，井戸型ポテンシャル，調和振動子）のエネルギー固有関数を具体的に求め，その性質について調べた．さらに，粒子の古典的運動に対応する波束の構成方法とその時間変化について学んだ．

　このような本書の構成に沿って学んだ重要な事項は少なくないが，これらは量子力学全体の構成からみれば，まだほんの序の口である．電気・電子・情報系の学生が本書に続いて学ぶべき内容として挙げられるのは，

- 行列力学の基礎（状態ベクトル，演算子，行列表現）
- 2次元，3次元の量子系（クーロンポテンシャル，水素原子など）
- 角運動量とスピン
- 2準位系の量子力学
- 近似法と摂動論
- 多体系の量子力学
- 場の量子論

などである．本書ではシュレーディンガーの波動方程式に始まる波動力学的な方法論を中心に学んできたが，量子力学の論理的な側面をよりエレガントに理解し，強力な道具とするためには，ハイゼンベルグに始まる行列力学の体系を学ぶことは非常に重要である．そこでは，本書で学んだ波動関数がヒルベルト空間における状態ベクトルというより一般的な概念に昇華し，演算子，行列表現などの概念が活躍する．これらは，情報系の学生や数学の得意な学生にとっては，本書で学んだ波動力学よりもむしろ身近に感じるかもしれない．また，本書で学んだ1次元の量子系は実世界ではむしろ特異であり，一般には3次元の

# 結び —次のステップへ向けて—

空間における問題を扱わなければならない．一方，ナノテクノロジーの進歩により，現在の電子デバイスでは，多様な空間（1, 2, 3 次元）に閉じこめられた電子の問題を扱う必要が生じる．2次元や3次元の中を運動する電子では，軌道運動に伴う**角運動量**の概念が重要になるほか，電子自身が内部にもつ角運動量（スピンと呼ばれる）は物質の磁気的性質の発現に本質的な役割を担っている．スピンに代表される，固有状態を2つしかもたない状態（**2準位系**）は，量子コンピュータなどの**量子情報通信技術**で用いられる情報の基本要素（量子ビット）となる．さらに，一般の原子，分子は複数の電子をもっているうえ，半導体などの固体の中の電子は1個だけ存在するのではなく，1 cm$^3$ 中に $10^{23}$ 個程度もの多数の電子が存在する．一般にそれらの多数の粒子間の相互作用（多体問題）の下での電子の状態を厳密に求めることは不可能であり，何らかの大胆な近似が必要とされる．このような問題で役に立つのは，場の量子論と呼ばれる手法であり，固体物理学では特に有用である．加えて，電子系に外部から電気的・磁気的な力を加えたときの反応などを調べるときには，**摂動論**と呼ばれる近似法が大変役立つ．本シリーズには，これらのさらに進んだ内容を学ぶ諸君のための教科書として，中島康治先生の著となる『量子力学—概念とベクトル・マトリクス展開—』が用意されているのでぜひ参考にしてほしい．

「序」でも述べたように，本文の内容をよりよく理解し，量子力学を「道具」として使いこなせるようにするためには，自ら手を動かして演習問題を解くことが何より大切である．本書には，読者の理解の助けとなるよう，各章末の演習問題の詳しい解答をつけたので大いに活用してほしい．特に，後半（6〜11章）の演習問題の解答のかなりの部分は，平成 15〜16 年度に枝松の講義のティーチングアシスタント (TA) として協力してくれた大畠悟郎氏（当時は博士後期課程学生）が，学ぶ側の立場に立って丁寧に作成してくれたものである．彼の努力に対しこの場を借りてお礼申し上げるとともに，それが本書を学ぶ学生諸君にとって大きな助けとなることを望んで結びとしたい．

# 索　引

## ア　行

アインシュタイン　7

位相速度　25, 29
位置　33, 40, 59
位置エネルギー　33
井戸型ポテンシャル　61, 64, 71

ウィーン　1
　　──の青の公式　3
運動エネルギー　33
運動量　40
運動量演算子　33, 34

エネルギー等分配則　4
エネルギー量子　4
エルミート演算子　44
エルミート共役演算子　43
エルミート多項式　78
演算子　33, 40

オブザーバブル　52

## カ　行

階段ポテンシャル　62
ガウス関数　49, 76, 79, 87, 99
可換　46
角振動数　28
確率　36
重ね合わせ　29
ガーマー　26
完全　51

完全性　51, 58
完備性　60

規格化　38, 57
規格化条件　37, 58, 63
規格化定数　38
規格直交化　51, 57, 79
規格直交性　51
期待値　40
基底　51, 56
基底状態　79, 95
キルヒホッフ　1

偶奇性　65
群速度　25, 29

交換可能　46
交換関係　46
交換子　46, 54
光電効果　7
光量子仮説　8
黒体輻射　1
コヒーレント状態　96
固有関数　35
固有状態　45
固有値　35
コンプトン　9
コンプトン効果　9

## サ　行

最小作用の法則　25
最小不確定性関係　48, 99
時間に依存するシュレーディンガー方程式

## 索　引

33
時間反転の対称性　38
時間を含まないシュレーディンガー方程式
　　35
時間を含まない波動関数　35
自己随伴演算子　44
仕事関数　8
2乗積分可能　38, 56, 77
射影演算子　52
射影子　52
自由粒子　55, 85
縮退　51, 56
縮退度　51
シュレーディンガー　33
　——の波動方程式　33, 34
ジーンズ　2
振動数　28

随伴演算子　43
スペクトル　49, 56, 58, 59

正規化　38
正規直交化　51
正規直交性　51
正弦波　28
0点エネルギー　78

束縛状態　54, 65
存在確率　36

### タ　行

対称性　65
単色波　28

調和振動子　4, 75, 94
直交性　49

定常状態　17
　——のシュレーディンガー方程式　35
　——の波動関数　35
デビソン　26

デルタ関数　56, 59, 60, 86

透過率　91
特殊相対論　8
ド・ブロイ　24
トムソン　13, 26
トンネル効果　63

### ナ　行

内積　42
長岡半太郎　13

ノルム　42

### ハ　行

背景輻射　5
ハイゼンベルグの不確定性関係　47
波数　28
波数ベクトル　30
パーセバルの関係式　52
波束　29, 83, 85
波動関数　33
ハミルトニアン (演算子)　33
パリティ　66, 77
バルマー　11
　——の公式　11
反射率　91
反転対称性　65

フェルマーの定理　24
不確定さ　45
不確定性関係　48
物質波　24, 30
物理量　40
プランク　3
プランク定数　4
フランク–ヘルツの実験　18
フーリエ積分表示　57
フーリエ変換　58
分散関係　38

索　引

平面波　30, 57
変分原理　24

ボーア　16
ポアソン分布　97
ボーア–ゾンマーフェルトの量子条件　19
ポテンシャル障壁　89

マ　行

ミリカン　13

ヤ　行

ユニタリ演算子　44

ラ　行

ラザフォード　14

離散的　68
リドベルグ　11
　——の公式　11
リドベルグ定数　12, 18

レナルト　7
レーリー　2
レーリー–ジーンズの赤の公式　2

**著者略歴**

**末光眞希**（すえみつ まき）
1953年　北海道に生まれる
1980年　東北大学大学院工学研究科
　　　　博士課程修了
現　在　東北大学学際科学国際高等
　　　　研究センター・教授
　　　　工学博士

**枝松圭一**（えだまつ けいいち）
1959年　宮城県に生まれる
1986年　東北大学大学院理学研究科
　　　　博士課程修了
現　在　東北大学電気通信研究所・
　　　　教授
　　　　理学博士

電気・電子工学基礎シリーズ15

**量子力学基礎**　　　　　　　　　　　定価はカバーに表示

2007年 1月25日　初版第1刷
2019年 2月 1日　　　第8刷

　　　　　　　　　　　著　者　末　光　眞　希
　　　　　　　　　　　　　　　枝　松　圭　一
　　　　　　　　　　発行者　朝　倉　誠　造
　　　　　　　　　　発行所　株式会社 朝　倉　書　店
　　　　　　　　　　　　　　東京都新宿区新小川町6-29
　　　　　　　　　　　　　　郵便番号　　162-8707
　　　　　　　　　　　　　　電　話　03(3260)0141
　　　　　　　　　　　　　　ＦＡＸ　03(3260)0180
　　　　　　　　　　　　　　http://www.asakura.co.jp

〈検印省略〉

© 2007〈無断複写・転載を禁ず〉　　　　　　Printed in Korea

ISBN 978-4-254-22885-4　C 3354

**JCOPY** ＜(社)出版者著作権管理機構 委託出版物＞
本書の無断複写は著作権法上での例外を除き禁じられています。複写される場合は，
そのつど事前に，(社)出版者著作権管理機構（電話 03-3513-6969，FAX 03-3513-
6979，e-mail: info@jcopy.or.jp）の許諾を得てください。

東北大 松木英敏・東北大 一ノ倉理著
電気・電子工学基礎シリーズ2
## 電磁エネルギー変換工学
22872-4 C3354　　A 5 判 180頁 本体2900円

電磁エネルギー変換の基礎理論と変換機器を扱う上での基礎知識および代表的な回転機の動作特性と速度制御法の基礎について解説。〔内容〕序章／電磁エネルギー変換の基礎／磁気エネルギーとエネルギー変換／変圧器／直流機／同期機／誘導機

東北大 安藤 晃・東北大 犬竹正明著
電気・電子工学基礎シリーズ5
## 高 電 圧 工 学
22875-5 C3354　　A 5 判 192頁 本体2800円

広範な工業生産分野への応用にとっての基礎となる知識と技術を解説。〔内容〕気体の性質と荷電粒子の基礎過程／気体・液体・固体中の放電現象と絶縁破壊／パルス放電と雷現象／高電圧の発生と計測／高電圧機器と安全対策／高電圧・放電応用

前日大 阿部健一・東北大 吉澤 誠著
電気・電子工学基礎シリーズ6
## システム制御工学
22876-2 C3354　　A 5 判 164頁 本体2800円

線形系の状態空間表現，ディジタルや非線形制御系および確率システムの制御の基礎知識を解説。〔内容〕線形システムの表現／線形システムの解析／状態空間法によるフィードバック系の設計／ディジタル制御／非線形システム／確率システム

東北大 山田博仁著
電気・電子工学基礎シリーズ7
## 電 気 回 路
22877-9 C3354　　A 5 判 176頁 本体2600円

電磁気学との関係について明確にし，電気回路学に現れる様々な仮定や現象の物理的意味について詳述した教科書。〔内容〕電気回路の基本法則／回路素子／交流回路／回路方程式／線形回路において成り立つ諸定理／二端子対回路／分布定数回路

東北大 安達文幸著
電気・電子工学基礎シリーズ8
## 通信システム工学
22878-6 C3354　　A 5 判 176頁 本体2800円

図を多用し平易に解説。〔内容〕構成／信号のフーリエ級数展開と変換／信号伝送とひずみ／信号対雑音電力比と雑音指数／アナログ変調(振幅変調，角度変調)／パルス振幅変調・符号変調／ディジタル変調／ディジタル伝送／多重伝送／他

東北大 伊藤弘昌編著
電気・電子工学基礎シリーズ10
## フォトニクス基礎
22880-9 C3354　　A 5 判 224頁 本体3200円

基礎的な事項と重要な展開について，それぞれの分野の専門家が解説した入門書。〔内容〕フォトニクスの歩み／光の基本的性質／レーザの基礎／非線形光学の基礎／光導波路・光デバイスの基礎／光デバイス／光通信システム／高機能光計測

東北大 中島康治著
電気・電子工学基礎シリーズ16
## 量 子 力 学
―概念とベクトル・マトリクス展開―
22886-1 C3354　　A 5 判 200頁 本体2800円

量子力学の概念や枠組みを理解するガイドラインを簡潔に解説。〔内容〕誕生と概要／シュレーディンガー方程式と演算子／固有方程式の解と基本的性質／波動関数と状態ベクトル／演算子とマトリクス／近似的方法／量子現象と多体系／他

東北大 田中和之・秋田大 林 正彦・東北大 海老澤丕道著
電気・電子工学基礎シリーズ21
## 電子情報系の応用数学
22891-5 C3354　　A 5 判 248頁 本体3400円

専門科目を学習するために必要となる項目の数学的定義を明確にし，例題を多く入れ，その解法を可能な限り詳細かつ平易に解説。〔内容〕フーリエ解析／複素関数／複素積分／複素関数の展開／ラプラス変換／特殊関数／2階線形微分方程式

C.P.プール著
理科大 鈴木増雄・理科大 鈴木 公・理科大 鈴木 彰訳

## 現代物理学ハンドブック

13092-8 C3042　　A 5 判 448頁 本体14000円

必要な基本公式を簡潔に解説したJohn Wiley社の"The Physics Handbook"の邦訳。〔内容〕ラグランジアン形式およびハミルトニアン形式／中心力／剛体／振動／正準変換／非線型力学とカオス／相対性理論／熱力学／統計力学と分布関数／静電場と静磁場／多重極子／相対論的電気力学／波の伝播／光学／放射／衝突／角運動量／量子力学／シュレディンガー方程式／1次元量子系／原子／摂動論／流体／固体の電気伝導／原子核／素粒子／物理数学／訳者補章：計算物理の基礎

上記価格(税別)は2019年1月現在